儿童情绪管理与性格培养

成长中的心灵需要关怀 • 属于孩子的心理自助读物

我要做自己

青少年自信和自尊提升手册

Being Me

A Kid's Guide to Boosting Confidence and Self-esteem

[美] 温迪 L. 莫斯 博士（Wendy L. Moss，Ph. D.）著

萧愚 译

化学工业出版社

·北京·

图书在版编目（CIP）数据

我要做自己：青少年自信和自尊提升手册／［美］莫斯（Moss, W. L.）著；萧愚译．—北京：化学工业出版社，2013．1（2024.3重印）
（儿童情绪管理与性格培养）
书名原文：Being Me：A Kid's Guide to Boosting Confidence and Self-esteem
ISBN 978-7-122-16112-3
I. 我… II. ①莫… ②萧… III. ①自信心－青年读物 ②自信心－少年读物 IV. B848.4-49
中国版本图书馆CIP数据核字（2012）第304501号

北京市版权局著作权合同登记号：01-2011-6428

责任编辑：郝付云　万仁英　肖志明　　　特约编辑：李　征
责任校对：宋　玮　　　装帧设计：黑羽平面工作室

出版发行：化学工业出版社（北京市东城区青年湖南街13号　邮政编码100011）
印　　装：中煤（北京）印务有限公司
889mm×1194 mm 1/20　印张6　字数75千字　2024年3月北京第1版第18次印刷

购书咨询：010-64518888　　　售后服务：010-64518899
网　　址：http://www.cip.com.cn
凡购买本书，如有缺损质量问题，本社销售中心负责调换。

定　　价：19.80元

本书谨献给斯科特，尽管他身处逆境，仍充满自信。
谨献给那些给我机会跟随他们建立自信之旅的孩子们，
以及那些正在开始建立自信之旅的孩子们。
——温迪 L. 莫斯

出版者的话

在我们的传统思想中，往往认为小孩子什么都不懂。但回忆自己的成长经历时，却发现我们其实有着很多不为大人所知的烦恼，也曾经渴望得到更多的支持。也许我们在无助中度过了很多岁月，但我们的孩子不应该如此。也许我们是稀里糊涂地长大的，也还长得不错，但我们的孩子应该更加享受成长的过程。我们的父母在他们所知所能的范围内已经尽了他们的努力，今天，轮到我们的时候，我们也需要去努力。

曾经的小孩子成为父母，尤其是成为从事出版工作的父母之后，首先想做的就是奉献出一套帮助孩子成长的书：让孩子更勇敢地面对恐惧、焦虑、害羞等成长中的困惑，让孩子更顺利地走过上幼儿园、上学、交友等所有人生中的第一次。

我们也了解任何一个不经意的细节可能给孩子的威胁，所以，我们磨去了书的尖角，采用亚光的封面……

但愿我们的孩子长大之后，回忆自己的童年，曾经的烦恼可以成为笑谈，因为身边有父母、有书相伴。

致小读者的信

你喜欢做自己吗？你对自己有信心吗？你相信有人会因为喜欢你跟你一起玩吗？如果你对全部这些问题都用“不”来回答，你首先要认识到，并非只有你才会这样回答。有许多孩子，也许包括你的同学，都希望自己更自信。当人们缺乏自信的时候，就会在新事物面前畏缩不前，缺乏挑战的勇气，甚至不敢大声表达自己的见解，即便成年人也是如此。这符合你对自己的描述吗？

在这本书中，你将有机会真正去思考，自信对你来说意味着什么。当你读这本书时，你需要花一些时间去考虑，怎样才能让你对自己的感觉好起来。

一旦你认识到如何提升自我感觉，为此付出努力就容易多了。当你努力尝试新东西，你会从学习新技能、交友、尝试新经验的行动中赢得自信。

有许多提升自信的方法，但也有许多方式让你失去自信。你将了解到怎样做会让你丧失赢得自信的机会，以及怎样做才能让你赢得自信。

当你读完这本书，你会掌握下列工具：

* 想法从负面转向正面
* 学会自信地去做事
* 成为自己最好的朋友
* 为自己制定适宜的目标

你也会读到其他朋友的故事，看看他们如何提升了自信。这里要说明一下，当一些年轻人跟我谈他们的经验和体会的时候，我要保护他们的隐私和秘密，所以书中的案例不是指具体某个人。不过，我会从我掌握的例子中，提炼出有价值的内容，来反映出你们的所思所想，并帮你们通过这些例子学到一些技巧，来帮助自己建立自尊和自信。

自信涉及良好的自我感觉，所以我们会花时间谈论如何才能做到这点。还有一种自信涉及如何与他人相处，我们称之为社交自信。我们还会谈如何表达自己的意见，如何与他人谈事情，在一个团队里的规则，以及如何对待自己不喜欢的人。

你可以期望，当你变得更自信，你会一直对自己信心十足。在各种情形下，你会一直保持快乐。但事实上，没有人总是感到自信，没有人总是感到快乐。当你不自信、不快乐的时候不要放弃希望。每个人，当然也包括你，都能通过努力做到更自信、更好、被别人更加接受、更快乐。好了，是时候开始做更好的自己、更自信的自己了。马上开始吧。

让我们开始!

准备好开始建立自信了吗?

阅读这一部分之后，你已经开始了第一步。与你信任的人——爸爸、妈妈或其他成年人，一起读这本书吧。本书里的一些内容可以引发有趣的讨论，其他人会成为你的有力支持者，你不必一切靠自己。

目录

第一部分

了解自信

第一章

什么是自信

你想建立自信，这是很棒的目标。可什么是自信？许多孩子难以定义。如果不知道什么是自信，那就谈不上建立自信。在本章中，你将了解到什么是自信，了解到拥有自信的感觉是怎样的。

认识自信

你认识那些自信的家伙吗？闭上眼睛想象一下他们的样子。你会用什么样的词语描述这些人呢？对你而言，以下的人自信吗？

* 足球场上的明星后卫
* 全A的优等生
* 绘画比赛的优胜者，虽然成绩是C
* 成绩一般，但自愿做动物保护工作的学生
* 成绩中上，有两个密友，喜欢嘻哈音乐的学生

是不是很难决定？以上可能全是，也可能全不是。为什么呢？自信不是由行为决定的，起决定作用的是感受。汉克，一个全明星后卫，似乎是自信的，但他觉得自己表现很好只是因为运气。汉克说："我总是担心自己会把下场比赛搞糟，没人再喜欢我。"

通常，自信能以下列方式定义：

* 你相信自己，喜欢自己。
* 你相信自己能够克服难题，不管是通过自己努力还是寻求帮助。
* 犯错时，你能够坦然面对，努力改正，不会降低自我评价。

简单说，自信不是说你比别人更好，而是对自己感觉良好。这意味着，你不必战胜别人以让自己感觉更好些。自信的人能够欣赏他人，同时也对自己感觉不错。自信者相信自己有优点也有缺点，知道一个好汉三个帮的道理。

你怎么定义自信？

当你犯错的时候，你怎么激励自己？你会说自己很蠢，是个坏人，或者还不够好吗？

对上述定义你可以接受，也可以保留自己的看法。对于自信的定义没有标准答案，很多人会在自己的定义中，加上自尊、自我感觉良好、快乐等说法。

别害怕犯错

当你努力了却还是犯错，会怎样？有一个问题很有价值。当一个人并不完美，而且犯了大错，他还会感觉良好吗？你怎么认为？

是的，人人都会犯错，这是生活的一部分。即使最自信的人，也会犯一大串错误。最重要的是，你要知道一句老话，失败是成功之母，如果我们能够从错误中汲取力量，在以后的日子里少犯错误，我们一样能够感到自信（我们将在本书的第二部分详细谈这个问题）。

要相信自己

每个人都会在一些领域遭遇困难，比如运动、组织技能、科目学习或其他领域。有些孩子与其他孩子交流、交往困难，或者在社交场合感到不自在。当你把注意力放到那些困难的事情上，却忘记在那些自己所擅长的事情上花时间，这无疑是件令人沮丧的事情。

玛丽的故事

玛丽的阅读能力比较好，可是，当老师让她当众朗读的时候，她却直淌汗，紧张得不行，然后找借口到卫生间逃避。玛丽说："我害怕当众出丑，害怕犯错，所以我不想冒险当众朗读。"

玛丽的自我怀疑让她无法当众朗读，这本来是她很擅长的事情。泰迪的表现与此不同。他甚至故意念错几个词，让其他的孩子来纠正他。泰迪说："我觉得读错几个词是件有趣的事情。这是无关紧要的一些词，是一些无关紧要的小事。我只要以后不搞错就可以了。我觉得自己挺酷，我觉得认识到自己不完美是件挺酷的事情。"

你在上面的场合中是怎么做的？如果玛丽是一个自信的人，你觉得她会用不同的方式来对待这件事情吗？

认识你的舒适区

你听过"在自己的舒适区之外"这个说法吗？顾名思义，这句话的意思是你在做一些自己感到不舒服的事情。当你从小小孩到十几岁，你也许注意到，在这些变化的时点，你很少感到舒服。另外，当你很害羞的时候，被迫在班级面前做报告，或者你是一个新人，却要竞选班干部，这些吓人的经历很难让你感到舒适。变化和新经验能够带来新鲜刺激，让生活更有趣。可是，它也能使你感到不舒服。躲在舒适区也许是安全的，但是，也可能让你丧失一些由改变和有益的冒险带来的有益体验。

布莱德利以前从不曾尝试新运动项目或参与集体活动，因为他认为自己做不好。他解释说："我怕别的孩子认为我差劲。

卡桑德拉的清单

卡桑德拉对自己的一些消极想法让她遇到了一些问题。下面是她列出的问题清单：

* 我忘记了自己有长处，我友善、有趣，是个好听众。
* 我只把注意力放在我的弱点上面，如害羞。
* 并非所有人都外向，并非所有人都朋友成群。而我却一直认为，只有我自己不受人欢迎。
* 把自己看扁可以为我减压。因为我认为没人喜欢我，所以我不必费力交朋友，尝试只是浪费时间。
* 我开始认为我整个的人生都一无是处，仅仅是因为我害羞。

卡桑德拉的想法并不能一夜之间发生改变。她需要花较长时间才能相信自己，自信起来。

你不妨想想，你对自己的哪些想法，会给你造成困扰？

你怎么描述一个自信的人？

我很怕这个。”布莱德利曾与一位帮助他的人对话。这个人帮他聚焦自己的力量，并拷问自己恐惧的真实性。布莱德利后来说：“就我所知，我没有一个朋友能够不经练习就在运动方面有所建树，那为什么我要求自己在一开始就完美呢？我对自己说，我要勇敢面对新事物。我有自己的长处，我不应因噎废食，错失表现自己的机会。”

通过练习，布莱德利学会了应对那些挑战性的场合，并学会了寻求帮助。他在建立自信方面正在一点点进步。

认识不同种类的自信

我们将讨论两种不同的自信。

* 自信：自己对自己满意
* 社交自信：与周围人相处感到舒服

让我们看看这两种自信的定义以及他们的联系。

自信

自信是赢得信心的伟大起点。你如何认识自己？你为自己的成绩骄傲吗？你会不会通过下面这些话鼓励自己？“哇，我的水彩画不错嘛，这可是我第一次画。”

自信是要有信念。自信并非意味着自己无所不能，万事不求人，实际上，它是知道什么是自己能做的，什么时候该寻求帮助。当你对自己处理问题的能力感觉良好的时候，你开始感到更多自信。

你如何认为自己？你为自己的成绩骄傲吗？

自信来自接受自己，包括错误！你可以提醒自己，你正在尝试一个新事物，不可能立即成功，你甚至会犯错误。如果你诉诸努力，你能摆脱错误的影响，学到新的技能并收获成功的喜悦。伴随成功而来的，你会发现你对自己的看法会积极起来，感到更加自信。

自信者自我感觉良好。即使他们不能立刻学会，他们通常也不会垂头丧气。他们知道自己的长处，会持续学习新东西。一个人学任何东西都能显示自信。包括足球、滑冰、唱歌、跳舞，甚至做数学题。自信者很少举手投降说：“我太笨了，我学不会！”因为放弃之后更难学会，而且你也不可能体验到敢于说“这很难，可是我会一直努力！”的奇妙感觉。

社交自信

你喜欢自己，为何不能喜欢他人？

为了赢得社交自信，你需要自我感觉良好吗？或者说，你需要社交成功，自我感觉良好从而赢得社交自信吗？

当你能够欣赏自己，那么，你在社交方面更容易自信。如果你能欣赏自己，为何不能欣赏别人？社交技巧之一就是不能控制别人。有人也许懂你，甚至比其他人更喜欢你。可你要记住，其他人没法让你自信起来，自信来源于你自己。

开始社交的时候，你不必拥有这方面的自信。你要表达自己，尽管你觉得其他人可能会与你意见不同。9岁的丹尼尔就是这么做的。丹尼尔所在的班要为全校设计一个舞会方案。丹尼尔参加了策划会，并在会上提出夏威夷舞会的方案。非常有趣，大多数人投票表决的结果，中选的是西部乡村舞会方案，可有几个孩子告诉丹尼尔，他们看好夏威夷舞会方案，将在下次学校活动中选它。你觉得丹尼尔会怎样？事实上，他很高兴自己能够自信地表达自己的见解，并且欣慰于有些孩子认为他的想法适合下一次活动。

社交自信的另一个考验是，当你遇到一个陌生人时你会如何表现。当你进行自我介绍的时候，你是否自信就会表现出来。你与其他孩子的言语交流，你参加聚会或舞会时的行为举止，这些都能显示出你是否拥有足够的社交自信。诚然，这些经历可能造成不适，你也许会离开自己的舒适区，可是，尝试这些经验，并且认识到你能克服这些，并从中体会到乐趣，会使你再度身处这些场合时，感到更自信、更舒适。

自信循环

为了增强社交自信，你认为需要提升自我感觉吗？或者，为了提升自我感觉，你认为有必要增强自己的社交自信吗？

事实上，上述两种自信是互相影响的，看看上面那三个圈，实际上就是一个循环。

如果你缺乏自信，那很难建立社交自信。而建立社交自信的一个前提，是提升你的自信。

关于自信的真相

如果你希望自己永远保持自信，这显然是不可能的。大部分孩子会时常感到不自信，实际上成人也这样。这不一定是坏事。首先，这是人性的一部分。比如，陌生环境就容易使人感到不确定从而难以自信。

其次，有时不安或者不确定，可能是一个线索，告诉你，你正在做一件全新的、令人兴奋的事情。

如果你第一次与班上最受欢迎的同学谈话，你也许会感到心里有点儿没底、有点儿紧张。可是，如果你能学会应对这些情况，那么你看起来是自信的，即使你事实上并不感到自信（别急，我们不久会讨论这个）。记住，如果你感到极为紧张不安，这种缺乏自信的表现正好可以提醒你，你需要一些指导和帮助，你还没有做好应对这种情形的准备。没有人会对所有要做的事情感到自信。所以，当你去学习和请求帮助的时候，并不影响你的自我感觉。

在这章中，你学习了如何识别和定义自信。自信是关于自我评价和自我信念。社交自信涉及你如何与他人交流和交往。记住，自信不是来自完美，也并非来自被所有人喜欢，而是来自你能够自我欣赏，能够靠自己或者靠他人帮助来妥善处理周边的情况。

自信提升器

* 我想更自信，我想努力去做。
* 自信的人也会犯错误。
* 我像自信的人那样去做，然后我就会变成一个自信的人。

第二章 当心自我贬损

你知道什么是贬损吗？贬损是一种故意的行为。那么，贬损与自信又是什么关系呢？所谓自我贬损，就是认为自己不配拥有好的结果，所以对自己采取自弃的行为。此外，自我贬损还意味着一种坏的习惯，阻碍自己进步并排斥寻求帮助，甚至没有认识到自己需要帮助。自我怀疑是一直怀疑自己，在自我怀疑下，自信被一点点剥夺。

为什么我们需要讨论这些？所谓知己知彼百战不殆，如果我们了解了那些破坏自信的行为，就可以有效避免它们。此外，知识就是力量，知道了如何突破阻碍，同样可以使你感到自信。这种力量就在你内心，你有力量让自己感到更自信。

下面列出了一些妨碍孩子们获得自信的自我贬损行为。

问问你自己：我是否总是

* 看低自己。
* 躲在自己的舒适区里。
* 期望完美。
* 将自己与他人作比较。
* 过度竞争。
* 小题大做。
* 烦恼于社交恐惧。
* 太过焦虑。

阅读接下来的内容时，你最好在身边准备一台电脑或者一些纸张。如果你认为自己也有其中的某些问题，把它们记下来。本书后面的内容能够帮你掌握一些工具，令你停止自我贬损，开始建立自信。

看低自己

语言是非常有力量的，它可以影响你的感觉、思维和行为。“不行”“不能”这样的词语、“我是个讨厌鬼”“我是个白痴”这样的话只会让你失去自信。徘徊在你脑海里的这些语言被称为“消极的自我对话”。

你的脑海里是不是经常有这样的嘀咕？“我总是出洋相！”或者，“其他人总是知道该怎么说，可我却总是不知所措！”

消极的自我对话就是你想用如下的话语给自己画像：你不如别人；你愚蠢；你不可能被别人喜欢；你会做让自己永远后悔的事。如果你脑海里总有这样的声音，你就是在进行自我贬损。危险的是，如果你经常一遍遍这样想，你就有可能将它们信以为真。

为什么孩子们会有这些消极的自我对话？一个原因是，说自己是傻瓜或者讨厌鬼，可能使自己感到安全。安全？真的吗？想想吧。如果你已经贬低自己了，当其他人瞧不起你的时候，你就不会再感到惊讶。他们只是证明了你的想法是对的。而且，你可能会在潜意识中认为，如果你不这样看待自己，就会有更多的风险，比如，那样会提升你的期望值。当你对自己的期望值较高的时候，别人贬低了你，这对你造成的伤害可能更深。所以，自我贬损是一种自我保护的方式，让你待在自己的舒适区里。可是，这些行为剥夺了你的自信。

躲在自己的舒适区里

有些人从不肯离开或者扩展自己的舒适区，我们将这种做法称之为“躲在自己的舒适区里”。显然，冒险尝试新事物，你可能会失败。你也许会给自己找理由：那样做你会感到不舒服。所以，不去尝试任何新的东西，这样看起来的确是更加安全。

布莱恩的故事

布莱恩总是感到纠结，因为，正如他自己所说：“我是个彻底的失败者。”被问到为何这样评价自己时，他解释说：“我总是不停地犯错，犯很愚蠢的错误。比方说，在朋友的派对还没开始之前就到了他家。我竟然提前一星期就去了！真尴尬。我老是做这样的事情，怎么可能自信得起来？”

在错误的日子去了朋友的派对，布莱恩就应该不断纠结于此吗？实际上大可不必，遇到这种事，正常做法是一笑了之，向朋友道过歉，然后暗下决心改正粗心的毛病就可以了。

你是否也犯过错误，但是后来有信心从中吸取教训？如果你是布莱恩，你会感觉如何？

但总是躲在自己的舒适区里，却不会带来任何回报。因为你感觉不到新的尝试带来的自信。自信来自于在不知能否成功的情况下，独自或者在他人帮助下冒险离开自己的舒适区。

冒险可分为有益的冒险和有害的冒险。有害的冒险包括：类似吸毒那样的危险行为；滑雪时，擅自离开安全滑道，跑到危险的滑道上去。这样的冒险，可能带来的不是自信，而是疾病、骨折或者其他一些严重的后果。而有益的冒险是那些安全的、能够帮助你成长的事情（这听起来像是老生常谈）。试图取得成功是值得骄傲的。不去尝试，连成功的可能性都没有。

期待完美

你可能容易把其他孩子看成完美的。其实你知道吗？没有人是完美的。有少数接近完美的人，其实是付出了很多很多的努力才做到了这点。许多著名作家第一次投稿时都曾被无情拒绝。想象一下，如果J. K. 罗琳[1]因此放弃了将会怎样？尽力做到最好，享受其中的乐趣，这是不错的做法。但是，我们不要不现实地期望第一次就能神奇地得到些什么，或者期望自己永远能表现得完美。

你可能在一些小事上能够做到完美，比如正确使用定冠词“the”，或者正确地穿衣服（先穿底裤，再穿裤子）。但是如果你总是为这样的小事而感到骄傲，你的生活有可能非常的无趣。当你冒险离开自己的舒适区，尝试那些更加复杂或更具挑战性的事情时，显然你会有犯错误的可能。但不要给自己太多压力，不必要求事事完美，要允许自己可能犯错。有些错误甚至会非常有趣。能够自嘲，也是变得自信的重要一环。

将自己与他人作比较

将自己与他人作比较，会带来某些危险。比如，你感觉自己不重要、没有才能、不具竞争力。你也许会对自己说：我处处不如别人。

---

[1] J. K. 罗琳，英国作家，代表作品《哈利·波特》系列小说。

你有一个看起来总能在很多事情上胜过你的兄弟姐妹吗？你会不会时常梦想自己能够成为班里的某个孩子？

美慕他人的才华是可以的。但是如果你强迫自己也像别人那样思考、行动，或干脆做成别人，你就不能够真实地面对自己。

与别人不同并不意味着差劲。它意味着特别。真正的自信来源于对自己感到满意，而不是来源于自己能够成为别人的翻版。有时候，你可能需要求助于老师、教练、父母或其他人，让他们帮你找到一件你所擅长的事情。

过度竞争

竞争与比较有些关联，可以分为两种。

一种是你同他人的竞争，比如想成为学校乐团的首席萨克斯风演奏者，你要同其他孩子竞争。这种竞争什么情况下是健康的呢？当这种竞争能够激励你，而不是使你失去信心的时候。另一种竞争是你同自己的竞争。当你对自己有更高的要求，希望能比以前做得更好时，记住，你要现实一些。如果过去在数学测试中你已经达到了98分，再期望自己能取得更高的分数时，你就需要注意了。

小题大做

你有没有听说这样的话“把田鼠窝当作一座山”，这就是小题大做。小题大做就是把一个很小的问题夸大成一个巨大的阻

停止看低自己!

玛格过去总是因为犯错而不喜欢自己。但是后来她学会了如何正确面对。现在她会这样做:

* 我先让自己平静下来，这样我才能更加清楚地思考。
* 我提醒自己，每个人都会犯错，所以有时候我搞砸了，那不要紧。我可以从错误中学习。
* 我练习如何处理错误。我只需要转转眼睛，说:“好吧，下次注意。”
* 如果我开始不喜欢自己，我就会请朋友叫我出去玩。

你能不能找到适合的方法，使自己不因微不足道的错误而埋怨自己?

碍。如果你在散步，地上的一颗小鹅卵石不是问题。你尽可以跨过它。而当你撞上了一块横在路上的大石头，这才是真正的阻碍。你需要考虑是否继续沿着那条道路前进。当你看到那块小鹅卵石，却把它当作那块大石头来对待时，你就是在小题大做了。

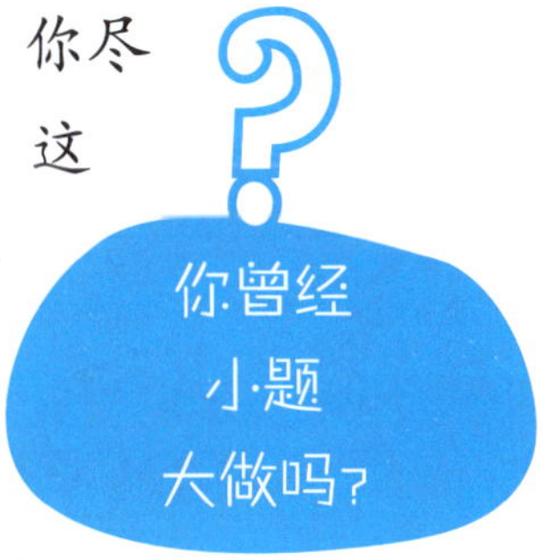

你曾经小题大做吗?你是否说过这样的话:“西班牙语课上那个单词我说错了。我再也不学西班牙语了!”这样做就会把小错误变成大问题。

安妮的故事

每个周末安妮都会进行几个小时的足球训练。她在客队，想打败去年的冠军队。安妮知道那很难。她只想做到最好，为团队贡献自己的力量。所以她不停地训练。竞争激励着她。后来，她的队以一分之差输给了那支队伍，安妮仍然感觉很好。她不喜欢失败，但是她认为自己已经尽了最大的努力去帮助团队取得成功。这样的竞争，对她来说是有益的。

你有没有过类似的经历？如果你是安妮，你会有什么样的反应？

烦恼于社交恐惧

如果你认为其他孩子不会喜欢你，这种低自信会使你设法去避免社交。或者你真的很害羞，不好意思同其他孩子讲话，你认为那样做只会让自己看起来很愚蠢。在这种情况下，你需要试着进行积极的自我对话，去对抗消极的自我对话和那些自我怀疑。提醒自己你是值得交往的。尝试一下，找一两个孩子，从他们喜欢的话题开始。如果有人对你不热情、不欢迎，那是他们的损失。再去寻找其他人。把这想象成一次冒险——如果不去尝试，你永远不知道自己在社交场合中能够做到多好。

太过焦虑

你知道吗？在拓展自己的舒适区时，你会感到有些焦虑，但这有时是一件好事。焦虑使你更加关注细节，你会集中精力，在滑冰起步时更加小心保持平衡，在测验中更加仔细。但是，过多的焦虑会带来很大的压力，你可能因此而惧怕尝试新的事物。下面是一些缓解焦虑的办法：

* 提醒自己，感到有些紧张是很正常的。
* 告诉自己，兴奋和焦虑带来的身体感觉是类似的，你有可能是因为新的挑战而感到兴奋。
* 把注意力集中在你擅长的方面上。
* 允许自己犯错。
* 慢慢地深呼吸，让自己的身体平静。
* 从100开始隔10倒数，如，100，90，80……
* 如果焦虑开始阻碍你建立自信，可以去寻求一些必要的帮助。

你知道吗？

在拓展自己的舒适区时，你会感到有些焦虑，但这有时是一件好事。

一个非常有意思的策略是，用你的五种感觉（视觉、听觉、嗅觉、味觉、触觉）去放松自己的大脑和身体。卡特里娜说：“我试着这样做了，很有趣。我想象自己在沙滩上，看到海浪，听到海鸥的叫声，闻到咸咸的海水的味道，体会沙子从脚趾缝中穿过的感觉。独舞表演开始之前，我这样去做时，我就不会再感到紧张。同时我也意识到，自己并不会因为紧张而死掉。”

焦虑是建立自信的一个很大的阻碍，在这里我们只是简要谈了谈它。如果它是你建立自信的主要障碍，找信任的大人好好谈谈，看看是否能从他们那里得到一些帮助。或者去寻找接受过良好培训的、专门帮助孩子克服焦虑的专业人士。你不必自己承受，知道何时该寻求帮助是一种有力量的表现。

可能你的有些做法会破坏自己取得自信的机会，但那都是有办法克服的。看低自己、躲在自己的舒适区里、期望表现完美、将自己与他人作比较、试图模仿他人而不是做自己、不必要的竞争、小题大做、因恐惧而避免社交、太过焦虑，这些都可能会是阻碍。

在接下来的内容里，我们会谈到如何激发自信，如何开始在学校和朋友中感到舒适自在。

自信提升器

* 犯错误时，我不会再看低自己。
* 我会花些时间给自己鼓劲。
* 我会赞美自己。
* 我知道自信是从内而来的。

第二部分

认识自己

第三章

认识自己

你了解自己吗？了解什么使你特别吗？你欣赏自己吗？如果你不珍视那些你独有的品质，你就会全然依赖他人去建立自信。自信来自于你的内心深处，前提是你需要认识并接受（也包括喜欢！）你自己。

在本章，通过了解以下几项，你将有机会更好地了解自己。

* 你的强项和弱项
* 你的舒适区
* 你是如何改变的

了解自己的强项和弱项

关注自己的强项能使你拥有良好的自我感觉。你可以利用自己的强项获得自信，继而处理自己的弱项。

千万不要以为只有克服了弱项才能获得自信。每个人都至少有一种不擅长的事情。有可能是畏惧在公众面前演讲，或是对学习新的知识缺乏耐心。你也许不应该把注意力放在自己的弱项上，但是应该知道什么是自己不擅长的。处理最具挑战性的事情可以让你取得自信。让我们看看你该怎么做。

你了解自己吗？知道什么让你显得特别吗？

你的列表上都写了些什么？

了解自己强项（擅长做的事情、特殊的才能），搞清楚自己的弱项，一种有效的方法就是列一张表。有时孩子们会把注意力过多地集中在自己需要提高的方面，花一些时间聚焦在自己能做好的事情上，将会是一种解脱。看一下第24页的列表。以它为蓝本，做一张你自己的强项和弱项的列表。

24页上列的不一定完整，你也许会发现自己拥有的一些才能没有被列在上面。没关系，把它们加到你自己的列表里。列完表后，跟爸爸妈妈或其他了解你的成年人分享。让他们看看你列出来的这些优点，看看是否还有其他要补充的。

希望自己成为一个超级明星是个好主意，但是喜欢本来的自己（同时期待明天的自己会比今天表现更好一些）才是真正建立自信的开始。接纳自己，尽管你并不完美，是建立自信的第一步。

烘焙 * 烹饪 * 绘画 * 水彩 * 艺术 * 制陶 * 摄影 * 缝纫 * 歌唱 * 曲棍球 * 滑雪 * 乐器演奏 * 钓鱼 * 打高尔夫 * 舞蹈 * 体操 * 橄榄球 * 足球 * 网球 * 滑冰 * 击剑 * 冲浪 * 棒球 * 组织 * 责任感 * 诚实 * 分享 * 不偏见 * 抗压力 * 幽默 * 忠于友情 * 利他 * 有创意 * 阅读 * 公众演讲 * 数学 * 写作 * 历史 * 拼写 * 书法 * 词汇 * 地理 * 天文 * 大众文化 * 购物 * 时尚 * 集邮 * 机器人学 * 回收 * 航模 * 园艺 * 搜集硬币 * 对动物友好

现在，看看你的列表。看你是否能利用它开始建立自信。用它提醒自己，你具有特殊的才能和优点。关注自己积极的方面，同时努力挑战你希望提高的领域。

这里有一些让你感觉更加自信的办法：

* 当情绪低落的时候，拿着你的列表，对自己说些鼓劲的话（我可能是有些需要改变或者改进的地方，但是我也有优点）。
* 给自己写封信。不用太长，但是应该包括很多你的优点和特殊才能。尽管这样看上去很傻。一旦你完成了这封信，把它重读几遍，你就能提醒自己你的积极表现、感受和思维。
* 不断完善你的列表。看看随着时间的推移，列表是如何扩展和变化的。

托尼的列表

优点	缺点
让别人快乐	容易感到尴尬
可靠	我不会在艺术课上画画
照顾狗狗	我太容易发怒
大多数时候我都很诚实	我的科学课学得不好

制作你自己的列表，看看都有些什么内容？

了解你的舒适区

那么，你的舒适区是什么样的呢？在哪里，在什么情况下，你觉得安全？是不是与好朋友在一起就觉得舒适，而与陌生人交谈就感到难受？你要知道，舒适区是可以通过自己的努力扩大的，当舒适区扩大时，你的自信也会随着增加。

> 你的舒适区是什么样的？在哪里，在什么情况下，你觉得安全？

寻找自己的舒适区是很重要的，因为只有在那里你才会觉得最舒服。如果你想拓展自己的舒适区，试着渐渐远离它，这样就能有所帮助。但这并不意味着，当你在体育课上，对于别人扔来的球依然感到恐惧时，就坚持去尝试加入正式的球队；也不意味着，当你还会因为要在朋友家过夜而紧张时，就去报名参加夏令营。你需要朝着自己希望

泽乌的故事

泽乌觉得自己不擅长任何事情，尤其是体育运动。后来他说："我找到了一大堆自己能做得很好的事情。我画画不错，钢琴弹得也还可以，我拼写很厉害，我很诚实，是个很够意思的朋友，我关心他人，也很注意物品的回收，保护环境。"

一旦泽乌开始把注意力放在自己的长处上，他的自信就开始提升了。他发觉自己甚至有勇气请朋友教他打网球了。

你有没有也曾经试图逃避面对一种新的状况，因为那是在你的舒适区之外的？如果有，泽乌的例子能给你带来些什么？将注意力集中在自己的强项上，可以如何帮助你拓展自己的舒适区？

的方向一点点慢慢来，别让自己感到沮丧或者紧张。如果你喜欢跟朋友在一起，先问问他能否到你家来过夜。等你习惯以后，再考虑到他家去。

有时，孩子们试图扩展他们的舒适区，但是没掌握好节奏，反而使自己受到了惊吓，或者变得沮丧。接下来他们甚至可能停止新的尝试。一点点慢慢来，这样会让孩子感到更加舒适，不太可能马上放弃。

了解你是如何改变的

刚刚学会了做一个婴儿，你又成长为一个蹒跚学步的宝宝。刚刚学会了做那个蹒跚学步的宝宝时，你又成长为一个孩童。现在你又在发生变化了，不光是你的思想，还有你的身体。

布里安娜的故事

布里安娜一直想去参加滑冰课程，但是她有点害羞。每当想到要和教练见面、上课，她都会觉得特别紧张。跟好朋友和几个亲近的堂兄妹在一起时，她才感到舒适。布里安娜问他们是否想和她一起去上滑冰课。一个堂兄感兴趣，然后他们一起报名了。布里安娜利用她的舒适区（跟堂兄在一起时的安全感），找到了处理自己舒适区以外的事情的方法。你能想到扩展自己舒适区的一些办法吗？你觉得谁能够帮助你呢？

* 你可能会没有安全感，不知道自己的身体会变成什么样子。
* 你可能会质疑自己的穿衣风格。
* 你可能会揣测自己喜欢的那个男孩或女孩是否也喜欢你。
* 你可能会猜测自己是否能够承担长大以后需要承担的责任。

呀！嗯……其实，你并不孤单。每一个你这个年龄段的孩子都在经历这些变化。这就是为什么十几岁、青春期年龄的生活很具有挑战性，但同时也非常有趣的原因。有些变化令人感到兴奋，也可能包括一些不确定性。你也许注意到自己的感觉已经跟以前不一样了。现在你可能正在感觉到更自信或者更不自信。

怎么样？你准备好慢慢扩张自己的舒适区了吗？

你的舒适区可能也在发生变化。你也许突然想尝试新的角色，比如竞选学生会；或者突然发现以前自己能够处理的状况现在会令你感到紧张。彼得11岁的时候，开始想象自己10年、20年之后的生活。他不确定自己是否能准备好应付高中的考试或者找到一份工作。结婚更是吓坏了他。他为自己的这些担心感到非常烦乱，和朋友在一起的时候，彼得也不再像以前那样感到舒适，因为他想象朋友们对于这些问题都已经有自己的答案了。别的孩子不谈论他们关于变化的感觉，并不意味着他们没有注意或者没有思考这些变化。彼得的哥哥跟他进行了一次关于个人期望会不断改变的谈话，彼得意识到自己才刚刚过了10岁，应该考虑如何过好自己的11岁，而不是21岁或者31岁。

如果你想扩展自己的舒适区，把注意力放在今天和明天。处理近期的变化会更加简单一些，你持续改进的目标也不会令自己感到太过有压力。

集中注意力在你的强项上，这有助于建立自信。自信也可以来自于改善自己不擅长的技能。你已经阅读了关于舒适区和如何扩展舒适区的内容。这一章也提到了一些你的变化，变化有可能令你感到有趣、恐惧，或两者都有。你不能阻止变化。很快你就会进入青春期，然后成长为成年人。记住，这些变化不会在一夜之间完成，处理它们的时候你也可以去寻求帮助。下一章里，你将读到更多如何在紧张、有压力的情况下获得支持的内容。

自信提升器

* 我会集中注意力在自己的强项上。
* 我会识别自己的弱项，在有需要的时候寻求帮助。
* 付出努力之后，我会赞美自己。
* 克服恐惧和困难能帮助我感到更加自信。

第四章

克服困难

即使你非常自信，也会遇到问题，会遭遇困难时光。每个人都会经历这些，即便那些最自信的人。

有许多方法可以帮你克服困难，走出困境，下面是本章将要讨论的一些内容：

* 利用你的支持团队
* 应对嘲弄
* 处理失望情绪
* 勇于自嘲

利用你的支持团队

> 你是否认为任何事情都自己单独处理，才能感到自信？

如果关注自己的优点有困难，你绝对应该找一个信得过的人谈一谈。让另一个人帮助你停止头脑里那些消极的自我对话。如果你摔伤了，需要缝合伤口，你会毫不犹豫地去寻求帮助。情绪低落的时候，你可能也想得到帮助。如果你自己处理不了，去寻求帮助是正确的。

记住，不必一个人承担！建立一个自己的支持团队，拥有你自己的拉拉队长，寻找那些认识你的、在乎你的人。

每个人的支持团队都不一样，要确保你的团队适合你，能满足你的需求。你的支持团队可能包括：

* 父母
* 老师和教练
* 兄弟姐妹和朋友
* 其他你信任的人

下面我们来详细谈谈这些人能如何帮助你。

跟父母聊聊

父母有一项很重要的工作，他们要指导你、帮助你，使你在成长的过程中建立良好的自我感觉，面对挑战。跟妈妈或者爸爸（或他们俩同时）谈谈，这往往是一个很棒的决定。父母也经历过你的年龄。他们也曾经是个孩子，经历过跟你相同的成长。父母是很好的被咨询者，你可以同他们分享自己的感受、担心和需求。大多数孩子把父母放在自己支持团队名单的最前面，你呢？知道父母会在自己身后提供支持，这样的感觉非常好。如果感到自己没法同父母谈心，那么，你知道原因是什么吗？同父母一起坐下来，寻找一种方法先解决这个问题。

> 如果感到自己没法同父母谈心，你知道原因是什么吗？

依靠老师或教练

知道了是什么在困扰自己，你就可以着手建立自己的支持团队了。如果是因为学校的作业，你会不会想把老师加进来？也许你能够向他寻求更多的帮助。如果你担心，不知如何处理某件事情，学校里还有没有别人可以帮上忙？也许你可以问问：

* 教练
* 学校社会工作人员，如心理咨询人员
* 老师
* 辅导员
* 校长

选择一些你信任的人，告诉他们你需要和他们谈谈。约定好一段指定的时间，确保到时候他们能认真地倾听。

跟兄弟姐妹和朋友们在一起

你是不是那种内心缺乏安全感的孩子，放学回到家就进到自己房间，关上门躲在里面不出来？这样的孩子有可能感到孤独、寂寞，觉得自己和别人不一样。你是这样的人吗？能让你

艾米莉的交谈技巧

对于跟父母谈心，艾米莉有些办法。这些办法曾经帮助了她！

* 告诉父母你对自己的感觉。我觉得我与学校里的其他孩子合不来。
* 告诉父母什么是你擅长的，什么对你来说比较困难。我的科学和数学很好，但是与别人交谈有困难。
* 让父母知道你认为他们可以帮你做些什么。我说他们应该可以帮助我练习如何在班级里发言。
* 告诉父母你需要他们加入你的支持团队。我的父母不知道我需要他们的帮助，直到我告诉了他们。我也才意识到，父母也根本不能猜透我在想些什么！

如果你因为不知该如何处理一件事情而感到焦虑，学校里有没有你可以求助的人？

觉得不那么孤独的一种最好的办法是，同其他人在一起。如果你有一个可以信任的兄弟或者姐妹，或者好朋友，他们能给你鼓鼓气，就同他们在一起吧。

如果你试着与一些你认为容易相处的孩子在一起，却仍然没办法交流，可能你也会觉得孤独。但是在其他人的身边，总好过自己一个人待在房间里。同别人交谈，能帮你建立“自己也参与在其中”的感觉。去找那些你喜欢的孩子，和他们一起开心地玩耍吧！

同他人交谈

你是否缺乏安全感，放学回家就关门待在自己的房间里？

通常，专业人员（比方说心理学家）帮助过成百甚至上千的孩子，在帮助孩子们感觉好起来这件事上，他们是绝对的专家。有时候，孩子们认为自己必须变得“疯狂”才有勇气去看心理医生。向心理学家寻求帮助，其实是一种“健康”而不是“疯狂”的举动。这样做的孩子和成年人，其实是关心自己，并希望自己能感觉好起来。当你在情感上经历痛苦的时候，自己处理不了却不去寻求帮助，这也许并不是最好的选择。心理医生会告诉你，走进他们的办公室，是一种有勇气而不是脆弱的表现。

你身边有很多人可能加入到你的支持团队中来。比如堂兄妹、叔叔阿姨、爷爷奶奶、外公外婆、邻居或者宗教人士，在你需要的时候他们都能同你交谈。

你可能认识不少人。当然，那些会让你感觉不好、无法给你积极建议或者不能被信任的人，你是不会想去同他们谈心的。当你感觉自己需要帮助才能感觉好起来，并渡过困难时光的时候，试着想出至少四个能够帮助你的人。你可能只需要他们中的一个或两个，但是多想些人，以防万一。如果你知道自己可以向别人寻求帮助，你可能就不会感到太孤独，发现自己有更多的自信去迎接挑战，因为有一个支持团队在你的身后！

应对嘲弄

是的，受到取笑和嘲弄的感觉很不好。被其他孩子不停取笑或者嘲弄的时候，很难建立良好的自我感觉。取笑、嘲弄和欺凌是很大的话题，甚至可能需要一整本书去描述。但是在本书里，让我们假设，其他孩子喜欢嘲弄你，可能只是因为他们自己有情绪问题，他们通过让你感觉不舒服，让你产生反应，或者让其他围观的孩子有反应，以逃避自己的情绪问题。

如果你真的认为自己还不错，其他孩子的取笑和嘲弄可能会让你有些烦恼，但却不一定会使你失去自信。记住，自信是来自于你对自己的看法。

这里是一些面对取笑和嘲弄时，你可以采取的措施：

* 忽略它。如果你看起来并不在乎别人说什么，他们会渐渐觉得嘲弄你是件无趣的事情。
* 跟一群朋友们在一起。如果你身旁有一群支持你的孩子，嘲弄你并不是件简单的事情。
* 进行积极的自我对话。提醒自己你的长处，这样那些嘲弄就不会让你觉得太沮丧。
* 告诉嘲弄你的人，你觉得那样一点意思也没有。有时候一些人就是控制不住自己，想要去开些无聊的甚至有伤害性的玩笑。
* 寻找自己的支持团队。你的支持团队可以包括一些成年人，从他们那里得到一些指导，看看他们在这方面是不是有些建议。必要的时候，成年人也可以参与到事件中

来，同嘲弄你的人谈谈，让他们不再继续那样做。

* 不要继续跟总是嘲弄你的孩子做朋友。朋友是应该让你感到开心的。
* 重新获取能量，在你希望自己感觉良好的时候，做必要的改变。
* 如果你觉得自己受到了欺凌（身体上或者语言上的），去寻找你的支持团队，找到最好的办法去处理它。

处理失望情绪

你可能不喜欢有失望，比方说，做什么事情失败了。但如果它发生了，你该怎样学着去接受并从中学习呢？就像你早就知道的，可以从错误中学习一样，你也可以从失望和失败中学习。如果消极的自我对话占据了上风，你就很难从这些经历中成长起来。

肖恩的故事

在一次棋类比赛中，肖恩并没有获得冠军，但之后，他采取了积极的自我对话。他告诉自己："我从打败我的对手那里学到了一种新的下法，已经等不及想去试试它了。我尽了自己最大的努力，在比赛中也取得了进步。能参加比赛说明我已经很勇敢了，并且现在我也尝试过了，觉得自己更加自信了。"从失望中学习，而不丢失自信，你会对自己说些什么呢？

这难道不
也是件很好
玩的事情吗？

在电视上看到
别人这样的时候，
你会不会
也笑呢？

勇于自嘲

有时候，像其他所有人一样，你可能沉溺在事件中，对一切都太过在意，包括你自己。退一步看看。你是否曾不小心把老师叫成了妈妈？是的，那是会有些尴尬。但是，同时那不是也很搞笑吗？拿自己开玩笑吧。在拥挤的餐厅里，你把托盘掉在地上了？餐厅里变得很安静，每个人都盯着你看，还笑你，是吗？嗯。想想这件事吧，如果你在电视上看到别人这样做了，你会不会发笑呢？如果你的回答是肯定的，那么你当然也可以笑自己。记住，没有人是完美无缺的。

当你犯错的时候，如果你能拿自己开玩笑，你就可以获得更多的乐趣，感到更小的压力，更加有动力去冒险和拓展自己的舒适区，并开始感到更加自信。外人会觉得你看起来更加自信，因此，你也真正能感到更加自信。你也会意识到，不管犯了什么样的错误，都不是灾难性的。世界末日也没有来临，不是吗？你没有伤害任何人。你尽管笑吧，放松自己，继续前行！

你并不孤单，而且知道何时该去支持团队寻求帮助，这是有力量的一种标志。你可以选择成为自己支持团队成员的人，但是要确定他们能激励你、指出你的优点，确定你信任他们的观点和建议。既然已经知道了谁有可能成为孩子的支持团队成员，你可以开始选择自己的支持团队成员了。你了解了失望甚至错误不一定要挤垮你的自信，犯错误时拿自己开玩笑有时候可以带走压力。你也有办法去应对别人的嘲弄，处理自己的失望。

这一章里，你思考了向他人寻求支持、使自己感觉好起来的方式。

在下一章，你将了解使用积极的自我对话建立自信的方法。

自信提升器

* 在这个世界上我并不孤单。
* 知道何时该去寻求帮助，是有力量的一种标志。
* 生命中有认同我的价值的人，有我可以信任和交谈的人。
* 如果我能够拿自己开玩笑，错误看起来也没有那么糟糕。
* 我现在有办法应对别人的嘲弄了！

第五章

改变想法

改变你自我评价的方法，并非建立自信的最终解决方案，但却是一个很好的起点。

言语和想法能够改变你的情感与行为，因为内心的力量是非常强大的。你在内心里进行的自我对话，能够帮助你，也能够伤害你。本章我们将讨论怎样用言语和想法来帮助你自己。

积极的自我对话

> 你上一次给自己打气是什么时候?

就像你可能已经猜到的一样，积极的自我对话是你内心的自我打气。这是为了让自己保持积极向上而对自己的鼓励，是一些对自己说的好听的话。积极的自我对话能给你扩展舒适区所需的勇气。它可以在你犯错的时候激励你，让你不感到很泄气。它能提醒你为什么你需要对自己感觉更好一些。

与其用消极的话语让自己感觉很差，还不如换成积极的。把所有那些“我很愚蠢!”的想法换成一些更积极的，一些对你更亲切的东西。这需要很多练习，因此不要轻易放弃。你需要一段时间来习惯自我对话的改变。首先是要搞清楚哪些词语使你自己感觉不好，而哪些词语让你感觉舒服。这能帮助你保持一个积极的心态。

积极的心态

什么是积极的心态?积极的心态就是你关注你能做好的事情，并且知道你能够逐步改善弱点。而消极的心态就是你做事情的时候，甚至在你做之前，你会自我暗示你可能做不好这件事；或者你已经做得很好，但你总觉得做得不够好。如果在你尝试一个新的活动之前，你经常对自己说“我知道我做不了这事”，你可能需要想办法端正你的心态。

积极的心态可以让你远离消极并看重自己。当你用积极的积极的心态会怎么影响你？

你是否经常消极地自我对话？怎样突破这种消极行为？

态度思考的时候，你整个人就会变得阳光起来。如果你说“我想我可以”（还记得前面那个练习吗？），那么你更有可能热情地尝试新的事情！

积极思考的循环

如果你用积极的自我对话鼓励自己，那么你将更容易对你自己感到满意并拥有积极的心态。如果你有了积极的心态，那么你将更容易感到舒适并在你需要的时候给自己打气。这两种因素相互促进，就像一个循环或者一个反馈回路。

但是需要当心的是，消极的自我对话也有类似的循环过程。消极的自我对话会让你感到气馁并且会让你有消极的心态，会令你走向更消极的自我对话。尝试进行积极的自我对话并专注于积极的心态，即使你对这个过程还不适应。可能很快你就会发现你对自己感觉好一些了，更有信心了！

让自己积极起来

有很多事都可以帮你进行积极的自我对话，下面我们来具体看一下。

* 改变你的用语
* 创造积极的情景
* 想象好的事情正在发生
* 称赞自己

改变你的用语

改掉那些妨碍你形成良好自我感觉的用语，这对你建立自信相当重要。记住，你的思考方式会对你的行为和态度产生强烈的影响。找出使你感到痛苦的语句和想法，试着对这些实际上很夸大的语句报以微笑或自嘲，然后用更贴近现实的表达方式替换掉这些夸张的词语。

你可以把“我不能”替换成“我可以试试”。你可以把诸如“我不可能把它做好”中的“我不可能”，换成“我可以试一下”。给你自己一个成功的机会，不要把学习和挑战拒之门外！

创造积极的情景

想象一件你感觉没信心做好的事情。你担心即将到来的数学考试，或是对申请夏令营感到紧张不安吗？

你在想什么？你的自我对话是什么？你能把对自己暗示的消极词语换成积极词语吗？

当你首次进行积极自我对话的时候，你可能会感到有些古怪。但请你不妨一试。假设你是一个编剧，你要为一个跟你经历相似的人写一个电影剧本。你想要电影中那个有信心的、勇敢的人想什么和说什么？可能那些台词对你也很合适。伊丽莎白曾说：“我对自己说，我不需要为了让自己感觉良好而事事做得完美。我可以自己对待新情况或者请别人帮忙。我专注于积极

> 你在想什么？
> 你的自我对话
> 是什么？
> 你能把对自己
> 暗示的消极的词语
> 换成积极的
> 词语吗？

奥德丽自我对话的做法

下面是奥德丽情绪低落时的自我对话。当你也感到情绪低落时不妨试试！

* 嗯，我跟其他小孩不一样。我不想跟其他人一样。我是独一无二的！那意味着特别。那意味着了不起！
* 我不需要对每一件事情都很拿手。我对很多事都很擅长。
* 朋友们都喜欢我，所以我知道我很可爱。这让我感觉好很多。

当你的自我感觉不太好的时候，你也可以检查一下列表上你的那些优点。是哪些闪光点让你成为了你自己？

的东西，所以我现在感觉更自信了。”

想象好的事情正在发生

如果你自信而且能够想象自己成功了，这将能在你一生中帮助你尝试新事物。例如，你打算邀请一位同学与你合作搞一个研究，你是不是对他可能会说“不”感到紧张不安？想象成功的画面。想象你自己走上前去，并在无意中问他是不是已经有合作者了。想象他说他还没有。接下来，想象你问他是否要跟你合作，而且得到他肯定的回答。

那么，当你前去询问之后，另一种可能出现的情形会是什么？想象一下。他会嘲笑你吗？如果是这样的话，这显然是消

伊桑的故事

伊桑喜欢读美洲史。他知道很多历史知识，还喜欢跟父母谈历史。他想加入学校的历史俱乐部。在俱乐部里可以读书，还可以跟他人谈论历史问题。

伊桑进行了积极的自我对话："我真的喜欢那个俱乐部。那些人不同意我说的某些观点又怎么样呢？他们可能会喜欢我说的，不试试怎么知道。这经历肯定很有趣！"在这样的自我打气下，伊桑开始对冒险加入这个俱乐部感觉好多了。他参加了一个会议，然后愉快地回家。

你是否有一些想做但又害怕冒险去做的事呢？哪种积极的打气方式能让你做好准备并尝试一下？

极的想象。现在试试让想象积极起来。想象他会说"好的"或者有礼貌地跟你解释他已经有一个合作者了。不管怎么说，你已经想象过邀请他合作的事情了。祝贺你！挑战自己、尝试新事物并且认为做这些有价值，这就是自信的源泉！

当然，不是所有我们希望和期望的事都会像想象中一样自动变成真的。但是在要不要冒险这件事上，在事情出乎你的意料时你怎么反应上，你都拥有主动权。想象好的事情将要发生是很有帮助的，但是想象在事情出乎意料的时候你怎么处理也很重要。试试练习微笑并同时耸耸肩。你要提醒自己："我努力过了。不管怎么样，这很有意义。"即使事情跟你想象的并不一样，这并不会影响到你的自我感觉。

赞美自己

你会不会因为太在意你所犯的错误而对自己特别生气？

在本书中，有好几个地方提到了赞美自己的重要性。当你在一次考试中得到了87分，你想的是什么？是为自己的努力感到自豪，为自己答对很多问题感到自豪，还是懊恼于做错了一些题目呢？

一生中无论到哪里都跟随着你的人是你自己。所以把自己当成好朋友吧。当你付出努力的时候，当你尝试新的活动的时候，还有当你扩展舒适区的时候，拍拍自己的肩膀以示鼓励。

现在你应该对积极的和消极的自我对话很熟悉了。通过自我对话建立自信，需要一个长期的过程。你已经学习了专注于积极思维的几种方法，比如改变词语、创造积极的情景、想象成功、向别人学习和赞美自己。

在下一章中，你还会学到一种很棒的自我对话的方法。这种方法可以用一句话描述如下：当你说服自己可以做到的时候，你已经充满信心了。让我们试一试，你会感到有趣的！

自信提升器

* 专注于积极的事能让我感觉更舒畅。
* 如果我想象我有信心做好，我就可以得到做新事情的勇气！

第六章

想象练习

如果你是害羞的，试着想象你是一个外向的人。

为什么想象出的自信能够在事实上帮助自己更自信？这是一个好问题。不过，答案很简单。想象你已经是什么样的，可以让你实际感受一下那个状态。也会让你去练习一些在一般和特定情况下更自信的技巧。你在学校里通过练习学习东西，为什么不能通过练习提高自信呢？

下面是本章中提到的一些技巧：

* 虚拟场景
* 说话前做准备
* 角色扮演
* 注意你的肢体语言
* 积极的自我对话

虚拟场景

在你虚拟场景之前，你需要知道具体的情形是什么，还有你想要什么，知道这些可以让你对自己感到更满意，也会让你更有信心。因此，你要做的第一件事就是想象你要得到什么。想象一下“怎么样”得到你想要的。闭上眼睛。考虑一下在某个情形中你怎样做才能感到更自信。比如埃迪说：“在我有生以来，我第一次考虑跟球队中的那些酷家伙交谈。他们是年级里最受欢迎的家伙。我想象跟他们交谈并感到很愉快。”

现在轮到你了。你不用担心怎样才能真正地感到自信，只需要从心里开始，体验一下这个过程有多奇妙。感受一下变得更自信会是什么感觉。是不是使你感觉愉快？如果答案是肯定的，当你练习感觉自信的时候，你可能注意到在想象中你变高大了，甚至在微笑。

保持住这个想象。同时记住，在你虚拟场景的时候，用你的想象指引你，这时好的感觉也可以出现在现实生活中。如果你能想象你正在变得自信，那么你就懂得为成为你想象中的自信的人而努力是值得的。

说话前做准备

如果你正在虚拟的情景中牵涉其他人（小孩或者成人），试试用几分钟时间想出你可能会说的话。有人以为他们只需要走近另一个人然后说出最完美的东西。请记住，没有人是完美的

蒂娜知道什么时候需要虚拟场景

是不是只要遇到令人害怕或者不能克服的事情的时候你都需要虚拟场景？实际上，回答是否定的。下面是蒂娜需要做虚拟场景的时候：

* 为班级工作做演讲；
* 跟朋友去跳舞；
* 参加测验，虽然她复习准备过，但还是感到很紧张。

下面是她不需要做虚拟场景的时候：

* 参加她从没复习准备过的测验；
* 做一些她真的不知道该怎么做的事情；
* 做一些她敢做但很危险的事情。

人，也不存在这些要说的完美的东西。同样的，如果你正想要说话或者跟某个人交谈，而你感到紧张不安，为要说的话做准备可以起到很大帮助。你可以：

* 预先演习；
* 改变你想说的话；
* 练习要说的话；
* 说出来。

当你为这些场合准备措辞的时候，注意保持你在第五章中学过的积极的自我对话和积极的心态。格雷戈里决定不要消极思考，例如他对老师说："我知道我不是很聪明，但不管怎样，你都会帮助我，对吗？”在他的想象中，他使用这些词语：“我很努力地把这道数学题弄懂了一些，你能帮我理解得更好吗？”

也许你想参加一个学校舞会，但你很害羞。在你脑中，试着计划一下你可能会对舞会中其他小孩说的话。如果你计划过并且想象过，你真正行动的时候会更简单！

角色扮演

一旦你开始想象自己自信的情景，并想好情景中的措辞，那么你就可以开始做角色扮演了。有很多方法可以用来做角色扮演。

自己练习。你可以一个人在房间里坐着，然后把你已经有自信把握的角色表演出来。想一想你说话时的语气，想想你在说话的时候是紧张还是自信。同时也要注意你说话的时候是需要大声还是小声。如果你说话的声音太小，就像自言自语或者柔若无声，那么别人很难觉得你有自信。还有，说话的同时要注意肢体语言。

人们通常都会注意到这些细节的（当你跟其他人在一起的时候，你可能也会注意到这些细节）。你甚至可以想一想让你觉得有自信的地方——学校、篮球场、林荫大道，你可以自己给场景起个名字。

对着镜子跟自己说话。当你对着镜子跟自己交谈的时候要注视自己。如果你遇到在镜子里看到的人，你会不会觉得这个人很自信？如果答案是否定的话，问题出在哪里呢？一旦你想

卡蒂的故事

卡蒂被索菲邀请去参加一个通宵的生日聚会。索菲是一个特别受欢迎的人。卡蒂觉得索菲邀请她一定只是觉得她可怜。“你知道，我被邀请只是因为索菲同情我，但其实她并不是真的想我去参加。”

卡蒂跟她爸爸讨论，然后她爸爸帮她虚拟了一个她很自信的场景。卡蒂想象在门口得到她朋友温馨、愉快的欢迎；接着她练习一些话题，以备需要她说话的时候可以谈论。

在聚会那天早上卡蒂显得很紧张，但她还是去了。她所有的练习都派上用场了！回家的时候卡蒂显得对自己很满意也更有信心。她直面自己的恐惧，并且能够在她的舒适区之外接受挑战！如果换作你，你会怎么处理这件事？

出来之后，就改正它。当你觉得镜子里的人表现得有自信了，那么实际上你已经学会自信了！

> 如果你遇到你在镜子里看到的人的时候，你会不会觉得这个小孩已经有自信了？

有时候，人们也许无法判断自己是否自信，那么可以看看身边有没有人能参与你的角色扮演，并给你提供反馈意见。父母亲怎么样？要不然祖父母？哥哥或者姐姐或者堂兄弟？也许他们可以给你很好的提示，而且过程会很有趣！

注意你的肢体语言

当你正在进行角色扮演的时候，关注一下你的肢体语言。肢体语言所表达出来的信息跟你所说的话一样多。没有自信的人常常很难跟别人做眼神接触。下面是一些可以帮助你更自信你身边有没有人能参加你的角色扮演并给你提供反馈意见？

你会告诉自己什么？你用的词语是积极的吗？

的肢体语言：

* 跟别人有好的眼神接触。当然，好的眼神接触并不是要你一直盯着别人看。
* 尝试放松你的肩膀。
* 当你谈到有趣的事情的时候，或者当你想表示友好的时候记得微笑。
* 尝试别太慌张。

你能做到吗？这需要做做练习。而角色扮演就是帮你做练习，所以它非常有用。

积极的自我对话

需要提醒你的是，在你想象自己表现很自信的时候要使用积极的自我对话。在进行角色扮演之前，需要准备一下要说的话。你会准备哪些话？你用的词语是积极的吗？如果你表现得有自信并且对自己也感到满意，那么其他人通常也会这么觉得。如果你流露出自己喜欢自己，那么其他人可能也会想要多了解你！

自信虚拟可以帮助你练习怎样在现实中感到自信。你已经学习了怎么练习变得自信的技巧，比如想象、积极的自我对话、角色扮演、选用自信的词语和肢体语言。如果你正在为变得自信做练习，那么当你在现实中遇到不确定的或者让你感到紧张的情景的时候，你会更容易应付，并且看起来更自信。而当你看起来更自信的时候，你会对你在现实情况中的表现感到更满意，而这将让你更自信！

现在你已经学习了怎么样让你表现得更自信，而且你也知道了怎样把新状况的处理过程想象出来。学会了这些，我们就可以开始下一章，学习怎样在不受挫的情况下逐步扩展你的舒适区。

自信提升器

* 虚拟场景让我可以按我想的去做练习。
* 如果我表现得很喜欢自己，别人可能也想认识我。
* 积极的词语和肢体语言对表现自信都很重要。

第七章

扩展你的舒适区

即便是有益的冒险，离开你的舒适区也可能会让你害怕。你会对不可预料的事情感到紧张。不过，当你尝试新事情的时候，随着事情的变化，你自己也可能变化。记住第二章里我们提到的，当你认识到这样做是安全的，你能因此赢得自信。在本章中，我们会讨论如何扩展你的舒适区，当你这样做了，你会感到更自信。

你将学会如何：

* 勇敢些
* 准备好面对成长路上的坎坷和波折
* 以你自己的节奏和步调来行动
* 请求帮助

勇敢些

离开属于自己的舒适区其实是一件比较重大的事情，所以如果你因此感到焦虑也是理所当然的。你需要有勇气，要勇敢些才能做得到。如果你认为其他孩子在他们做出改变的时候并没有感到焦虑，那你就错了！他们可能只是没有总是表现得焦虑罢了，但这并不意味着他们接受的所有挑战都完全使他们感到很舒适。和你的家长或者支持团队中的其他人讨论这个问题都会对你有所帮助。你要知道，他们在自己的生活中有的时候也是会感到焦虑的。

在开始挑战自我去做冒险的事情之前，你可以通过积极的自我对话说服自己：是时候走出舒适区去探险了！这可以给你一些勇气和动力。

准备好面对成长路上的坎坷和波折

你有的时候可能会问自己，出去冒险是件多么恐怖的事情啊，为什么要自找麻烦？这是个好问题。很多孩子不愿意冒险，即便是那些很值得去冒的险也不愿意。那是因为他们坚信自己无论尝试做什么都会以失败告终。他们倾向于相信单凭自己是不可能做好的。然后会怎样？很多时候真正带来风险的是他们不愿意尝试的态度。这就是事情的真相！

不做出尝试也许会使你在此时此刻感到安逸。如果你没有尝试，你完全可以假装“要是我试着做了，就一定是做得最好的那一个”。但不尝试也会带来问题。不去冒险，也不去扩展你的舒适区，就可能让你无法拥有良好的自我感觉，也不会因此而获得自信。实际上，你甚至可能因此而感到难过，因为其他孩子正在享受做一件新事情的快乐，而你却错过了这样的机会。

如果你打算给自己一个机会，那你就已经打开了通向成功的大门。当你真的尝试了，你会因为这些尝试而感到自豪。而这种自豪感会带给你更多的自信。即使你没有立刻获得成功，这个尝试的做法也是值得高兴的事情。

当你抓住机会做一些新事情的时候，当你采取行动扩展舒适区的时候，你也许会犯错误。但这是很正常的事情！当你冒险去做新事情的时候，请记住：

* 如果你并不期盼自己是最完美的，那么你可以期待，你将获得一份新的经验，并因此减少一些焦虑。
* 在你对自己不确定的时候给自己打打气。你可以告诉自己尝试新事物是需要勇气的，但它会带给你自信。

不尝试，或者尝试之后没有做到最好而带来的极度的失望，都会让你沮丧甚至降低你的自信。让我们继续谈谈怎样挑战自己，拓展自己的舒适区！

以你自己的节奏和步调来行动

如果你曾经试着拓展你的舒适区，你也许会感到有些不适。你正在尝试以前没有做过的事情，有一些不舒适的感觉也是情理之中的。还好，你也会有一些兴奋的感觉。你也许会想要快

战胜你的焦虑！

当你离开舒适区的时候，你可能会感到焦虑。以下是你可以用来战胜焦虑的几个方法：

* 深深地慢慢地吸气，再慢慢地吐气。重复3次。
* 做些运动来摆脱这些额外的压力。
* 想象一个使人平静的故事或画面。
* 想想那些积极向上的想法。
* 从20开始倒着数到0，数两次。

你可以列一张清单，列出对自己有用的方法。你还知道其他可以使你平静下来的方法吗？

点完成这个过程，大踏步地完成整个事情以便快些获得自信。但这和体育课上的接力赛是不一样的。

相反，给自己点时间想想，什么样的步调对你来说是合适的。慢慢地、一小步一小步地按照自己的步调来完成，是完全可以的。

初学者的步调并不仅仅适用于初学者。如果你走出了一小步，又一小步，再一小步，你就在以你的步调朝着你的目标稳定进步着，完全不用觉得不知所措。

就像爬梯子一样。如果你朝向目标搭了一个梯子，并且走出了第一步，紧接着是第二步，下一步，再下一步，坚持下去你就会到达顶点。如果你恐高，你可以在走出第一步之后歇一会儿适应一下。但你确实已经为拓展你的舒适区迈出了伟大的第一步！晚些时候，你就可以尝试第二步。当你习惯了这个过程之后，你又可以继续下一步了。记住，仅仅依照初学者的步调，你就可以到达梯子的顶端。而且，每前进一步，都不要忘记赞美和鼓励自己！

请求帮助

不知道你有没有注意，本书已经多次提醒你怎样把向人请求帮助变成一件积极的事情。是的，这很重要！成年人每时每刻都在这样做。那些有自信的孩子也会这样做——他们也许会早早跑到学校向老师求助；或者为家庭作业中的疑难之处给伙伴们打电话求助；有时候，在尝试做一件新事情之前，或者担心做不好的时候，甚至会哭着和他们的父母诉说自己的忐忑。

你还记得那些你可以用来请求帮助的方法吗？

当你需要帮助的时候怎样做才能获得？

和你的朋友一起去尝试新事情。很多孩子发现，当他们知道有人在支持自己的时候，尝试新事情或者展现他们特有的品质，会变得容易些。你有关系非常亲密的朋友吗？汉娜说，当她知道自己最好的朋友也会去尝试学校演出的时候，她自己也很乐意去试试。有时候，你会发现你和你的朋友都想去尝试某

在过去，当你试图建立自信的时候你曾经灰心和失望过吗？

你怎么寻求帮助？

你有好朋友可依靠吗？

克里斯汀的初学者步调

一小步一小步地完成可以使你感觉舒服点。下列事情可以帮你准备好自己的步调。

* 看看写了你的强项的列表，要知道你已经是一个很棒的孩子了。
* 避免那些泄气的自我对话。
* 找个队友和你一起拓展你的舒适区。
* 在接下来的一周里，每天笑三次，并且告诉自己你喜欢自己的地方，看看会怎么样。
* 表现得就好像你已经很有自信了一样。
* 提醒自己，你并不是在和别人做什么竞争。你只需要喜欢你自己，做到你力所能及的最好的样子就可以了。
* 为自己制定切实可行的目标，这样就能有效地避免不知所措和缺乏信心的情形。

它们听起来怎样？会对你有效吗？

件事情，但是你们都没有足够的信息量去帮助另一个人。这没什么大不了。你们可以一起学啊！很多朋友发现跟其他人一起做某件新事情的时候会获得更多的乐趣。你们可以分享自己遇到的挫折，自嘲犯的错误，给彼此加油。

跟你的头号支持者谈谈。如果你难以控制自己的恐惧心理，只能任其越积越多，你应该试着和你的支持团队中的大人交谈一下。记住，你把某些人放到你的支持团队里就意味着你信任

塔拉的故事

塔拉9岁了，她想参加社区活动中心的艺术课。她说："我谁都不认识，而且我好害怕啊！不想一个人去！妈妈和我一起设定了一些计划，一步一步慢慢来适应。"

首先，塔拉和她妈妈只是走到那里去，在周围看了看。塔拉对社区活动中心的外部景观感觉很好。下一个步骤是，塔拉和她妈妈一起走到那个即将上艺术课的地方。她们得到了一张介绍艺术课的宣传单，并且在这栋建筑里面走了走。接下来，她们又回到那里问老师当塔拉上课的时候，妈妈可不可以坐在附近。塔拉上了两节课，在这两节课中塔拉的妈妈坐在隔壁的房间里看书。接着，塔拉认识了一起上课的一些孩子，她也很喜欢教她的老师。即便妈妈在社区活动中心外面的车里等她，塔拉也觉得没有问题了。直到课程的最后一天（7周之后），塔拉才完全适应了妈妈送她到这里来，然后等到一天的课程结束之后再来接她的方式。"我做到了！我真的做到了！我现在感觉很好！我那个时候那么焦虑，但我还是做到了！现在，我好喜欢我的艺术课啊！"

塔拉设定了适合自己的步调，并且按部就班地做到了。正是用这个方法她获得了自信。如果你是塔拉，在进行了第一和第二个步骤之后，你会有什么样的感觉呢？在上了7周的艺术课之后，你又会有怎样的感觉呢？在一小步一小步迈向你的目标的时候，不要急躁。现在的一小步是在为你将来的一大步建立信心！

他们，并且相信当你向他们倾诉的时候，他们不会使你感觉不适。他们会接受你的弱点，会思考你的问题，然后指导你。

支持你自己。是的，这又是教你取得帮助的部分了。如果你发现，你所求助的某个人却在给你施加压力迫使你快点做出改变的话，一定要支持你自己，大胆地说出你的不适。你可以试着告诉你的支持者以小步向前实现目标的方法，当你缓慢进步的时候，他们仍然可以帮助你去挑战。而这些，正是你期盼他们做的。

当你尝试新事情或新体验的时候，你可以按照你自己的步调来进行。记住，初学者的步调并不是仅仅适用于初学者的。如果你没有感到不知所措，你就可以更轻松地进步。所以，选择使自己感觉良好的前进方式吧。有少量的不适是正常的，如果很不适，就意味着你前进得太快了。记住，向前进就像爬梯子一样——每次走一步，就会离你想要到达的地方更近！每完成一步，你都可以称赞鼓励自己；如果请求帮助可以帮你进步的话，就去请求帮助；你完全没有必要为了获得自信一定要把事情做得完美。

在下一个章节，我们会谈谈你可以怎样为自己的成就奖励自己，并且成为别人的支持团队的一分子。因为帮助别人可以使孩子们对自己的感觉更好。

自信提升器

* 我会记住，一小步一小步地来做就好了！
* 当我做一件事情做得不好的时候，不管那是我的第一次还是第三次尝试，我都会让自己歇一下。
* 焦虑是很正常的。
* 我可以向我的支持者请求帮助，请他们帮我拓展舒适区。

第八章

做自己最好的朋友

做自己最好的朋友，意味着关心自己！意味着喜欢自己，意味着肯花时间照顾自己，意味着能够珍重自己。

在本章中，你将有机会把焦点集中于自己身上，聚焦于如何欣赏并照顾自己。我们将谈论你能如何做到：

* 赏识并奖励自己
* 给自己些独处的时间
* 增强你的才能
* 拥有健康的身心
* 帮助别人

赏识并奖励自己

你奖励过自己吗？以前你怎么奖励自己？现在你怎么奖励自己？

你也许认为奖励就是得到一个玩具或者玩电子游戏。但实际上有很多的奖励并不需要钱，甚至也不需要你的父母来实现。你完全可以自己奖励自己。你可以：

* 赞美你自己。
* 拍拍自己的肩，说：“你干得真棒啊！”
* 把你的目标列成一张清单，在那些你已经完成了的项目旁边画上大大的标记。
* 在想到做自己时能够微笑。
* 告诉你亲近的人那些值得自豪的事情。

就像你已经知道的，建立信心其实是个挺棘手的事情，尤其是在你对自己一点信心也没有的时候。在你试图建立信心的早期阶段，你可以从试着赏识自己做起。

给自己些独处的时间

你听说过“自己的时间”吗？

这似乎显而易见——你总是和你自己在一起。你不可能抛开你自己而到某个地方去。那为什么还要学习怎么独处呢？实际上，有好多孩子总是很忙，忙着上学，忙着课外活动。而在家里的时候，他们唯一能够停下来独自想想问题的机会恐怕只有在睡觉之前。而那个时候，恐怕已经很晚了，而你也已经很累了。

汤姆赏识自己的小建议

有很多的方法可以用来赏识自己。以下为汤姆认为有用的几个建议。

* 找点时间一个人待着，计划一下你要做什么。
* 做点滑稽的事情，比方说写一首关于你自己的有趣的歌或者自己编一段舞。你没有必要跟别人分享你的成果，当然，如果你想的话也完全没有问题。关键在于做这件事的乐趣。
* 在帮助别人的时候，你会感觉良好。也许是为一个救助狗狗的机构集资，也许是把你的旧衣服捐给慈善团体来让其他孩子有衣服穿。

在你“自己的时间”里，你会做些什么？

安排一些“自己的时间”是很有趣的。你听说过“自己的时间”吗？知道在这些时候你该干什么吗？

“自己的时间”意味着找到一些使你喜欢独自一个人待着的方法。如果你总是有朋友可以一起出去玩儿，那你一定有自己喜欢做的事情。当那个朋友不在那儿的时候呢？有的孩子喜欢画画、听音乐或者收集棒球卡片。你要怎样利用你的时间？

你能为“自己的时间”做些什么呢？想想看你有没有想做更多的事情来享受你的这段时间。记住，你可以成为自己最好的朋友，并且只和你自己度过愉快的时光。

增强你的才能

虽然信心通常来自于通过努力来完成某项工作或者克服某个困难，但有的时候不妨停下来，花点时间为那些你已经具备的能力感到自豪。那些对于你来说很简单的任务也许对于别人来说一点也不简单。你可以发展这些才能来获得更多的技能和更多的自豪！如果你在某个方面有才能，在这个方面你做起来一点也不困难，那就在这个方面更用功以做到力所能及的最好。你会因为你天生具有的能力和你为增强它而做的努力感到更有信心。

如果你发现自己在某个特定的领域具有天赋，无论别人是否和你一样，你都会因为发现了你擅长的领域而感到自信的。

丹尼斯很擅长做缝纫。她从很小的时候就观察她的祖母做缝纫，并且跟着学习。她用“自己的时间”为她的那些毛绒玩具动物们做了整套的小衣服。但对于她的缝纫技能，她从没有想过更多。直到有一天，丹尼斯决定请她的祖母教自己缝一条裙子。丹尼斯突然感到自己很勇敢，因为她很乐意学习新的技能了。当她意识到自己具有了以前并没有的在这个领域的才能时，她开始享受学习的过程，并且感到更有信心了。现在，她已经在学着给人做衣服了！

你呢？当你发现你的强势领域，为什么不在此基础上增强它呢？记住，你并不需要成为世界上做得最好的那个人，你只要成为你力所能及的最好的模样就够了。

拥有健康的身心

照顾好你自己意味着你应该使自己拥有积极的心态，并且欣赏自己。它也意味着你要照顾好自己的身体。有的时候，孩子们会忘了照顾好自己的这一层含义。你呢？

以下为几条测试，通过它们你可以判断自己有没有照顾好自己。

* 你是否按时吃饭？你的饮食健康吗？
* 你每天锻炼得足够吗？
* 你会笑吗？
* 你在户外待的时间够了吗？
* 你的卫生习惯良好吗？

你能为这项测试增加更多的项目吗？你怎么说明自己照顾好自己了呢？

帮助别人

你知道自己完全可以通过帮助别人来建立自信吗？听起来有点奇怪，但事实确实如此。当你知道自己对别人的生活产生了影响的时候，你会对自己感觉良好。并且，这也提醒你，从别人那里获得帮助也是完全可以的。

帮助别人也许是使自己感到有用、有价值的最简单（也是最好）的方法。通过帮助别人，你可以感觉更有信心、少一些孤单、少一点恐惧，以及更多的关怀。真棒！

伊莱帮助别人的一些点子

你也许有疑问，一个孩子能做什么有用的事情啊。下面有几点来自伊莱的建议。

* 因为有趣而去帮邻居遛狗。
* 给妹妹一个惊喜，让她听你iPod里面的歌。
* 给父母留一张便条，感谢他们好心为你做过的事。
* 主动多做些家务。
* 为其他孩子在课堂上给出的答案称赞他。
* 午饭的时候和独自一人的孩子坐在一起。

无私地以他人为重心是很有帮助的。无私意味着你完全是因为觉得这是一件对的事情而去帮他的，决不是因为你想获得之后某次很酷的派对的邀请，也不是因为有人会因为你做了好事付钱给你。这个世界需要充满关怀而且乐于助人的孩子。你是这样的孩子吗？如果是，那就把乐于助人这一项放到你的天赋或强项的列表里，并且增强它。你也会为自己有这项特殊的品质感到自信。

发挥你的创造力，为你能无私做到的事情列一个清单。看到别人因为你的关心而开心是件很有趣的事情。而且，集中精力乐于助人可以减少孩子们在与人相处时的不适感。你有什么方法来帮助别人呢？你会因为自己是充满关爱的人而从中感到自信吗？

花点时间来赏识和奖励自己是很重要的。当你感觉自己扩展了舒适区或者是运用了积极自我对话的时候，你都可以奖励自己。现在，你读到了在没有任何人和你在一起的时候，你能怎么运用“自己的时间”来享受独自一人的时光。而且，你还读到了，在你的天资的基础上发展才能、照顾好自己、帮助别人的重要性。在下一个章节，你会读到更多的关于如何建立你在学业上的自信的方法。

自信提升器

* 我可以享受“自己的时间”。
* 我具有帮助别人的特殊品质。
* 我会照顾好自己，让自己的身心都健康。

第九章

在学校中成长

许多孩子在学校里不够自信，你是其中的一员吗？

在学校里感到自信，最重要的一点就是成为最好的自己而不是成为学校里最好的学生。怎么才能成为最好的自己呢？下面是一些建议。

* 不再拖延
* 做事有条理
* 参与课堂讨论
* 在需要时请求帮助
* 别苛求完美
* 祝贺你自己

不再拖延

所谓拖延症，就是要等到最后时刻才去做一件事情，比如说为了应付一次考试，或者做科学课的课题。

为什么有些孩子会有拖延症？一个很大的原因是因为拖延了学习和练习，也就意味着推延了由学习和练习带来的压力和痛苦。当你对某个学科感觉非常疑惑而无所适从的时候，学习确实是一件令人焦虑的事情。不学习则能使你暂时躲避压力而获得宽慰。你有时候甚至觉得："为什么要自找麻烦？反正我肯定是要失败的。"如果你这样想，你可能在还没有开始做的时候，就已经放弃了。

在这里，我们给出一些摆脱拖延症的建议。

* 万事开头难，所以，在开始的时候，向老师或父母请求帮助。
* 建立一个计划，在这个计划中尽量将你的工作分解成小的、可以快速完成的步骤，而不是一次面对全部任务带来的压力。
* 提醒自己，事情一步一步地做同样可以带来进步，只要进步就是一件令人愉悦的事情。
* 提醒自己，如果你早点开始准备的话，就不用非得赶在一个晚上完成这件事情了。

你会拖延吗？如果有的话，要怎样做你才能少一点拖延，并且尽快不再拖延了呢？

做事有条理

做事有条理可以使你在学业上感觉更有自信。它会使你感觉功课尽在你的掌控之中。如果你有条理地学习，并且早一点开始学习，即使是在学习较难材料的时候，你也可以用小步调的方法学得更好。

你知道怎样变得有条理吗？

在班级讲话你会觉得不舒服吗？你会安静地坐着，不知道该做什么、该说什么吗？

在这里，我们给出了一些培养条理性的建议。

* 想想看做某件事情需要花费你多长时间。然后算一下，你每晚愿意花多长时间在这件事情上。假设你需要用一个小时来写一篇学校作文，并且你有六天的时间来完成这件事情。你可以每天只写10分钟，这样也仍然可以准时完成。听起来不错，对吧？
* 准备一个日历，写下考试的日期，以及课题结束的期限，这样你就不用时刻关注着所有的事情了。
* 对长期的任务建立项目日程安排表，在里面写清楚你每天或者每个星期应该干什么。

一旦你找到了适合自己的方法之后，你会发现自己的生活更有条理，能够做好自己的作业，你会因此而变得更有自信。

参与课堂讨论

你也许觉得自己只有在特别有信心的时候才会参与课堂讨

杰克的项目日程安排表

以下为杰克为了完成他关于重力的科学课题所制订的计划。

周六：弄明白这个课题会是什么样的，并且罗列出所要进行的不同部分的工作。

周日：阅读科学书里面的关于重力的部分。

周一：从网上和图书馆查阅关于重力的知识。

周二：构建论文的梗概。

周三：写论文的假说部分，并且由此提出实验的细节问题。

周四：进行实验。

周六：写论文的结果部分。

周日：写最终论文的初稿。

周一：把论文初稿拿给老师看，征求他的意见，看看是否需要增加一些实验。

周二：对论文初稿做改动，并且完成最终论文。

周三：交论文。

论。但这种想法并不完全正确。在你并不非常有自信的时候参与课堂讨论恰恰能建立你的自信。如果可以在课堂上大胆地表达自己的见解，你就可以提出问题，并且可以得到关于这些问题的答案。而且，大胆地说出你的看法可以让大家分享你的想法，有时候甚至是将一个全新的想法或观念带到了班级的讨论中来。其他的孩子甚至可能祈祷自己能像你一样自信，大胆地表达自己。

在此，我们给出一些建议，在你已经可以在课堂上大声说出你的想法之前，你可以试一试。

* 在上课之前或之后，向你的老师提问或者分享你的想法。
* 给你的老师发电子邮件阐述你的问题，如果这对于你更容易做到并且对你的老师也可行的话。
* 把你关于课程的问题拿来问你的同学。如果这是个很快就可以说清楚的问题，你可以不必那么正式地在礼堂或者走廊这样的地方问他们。

问问题，并且养成参与课堂讨论的习惯，这样能帮你在交谈的时候感觉更舒适。试试吧！如果你感觉舒适了，你的自信心也就增长了！

在需要时请求帮助

如果你在需要支持的时候向其他人求助，这会使你更加自信。你可以试试，在用一个新学到的数学概念解决家庭作业的时候，或者自己复习应考西班牙语词汇测验的时候，在你一筹莫展之时，你可以请求帮助。

以下是请求帮助的一些小建议：

* 如果你没能马上就弄明白某个问题，不要着急，做一个深呼吸，提醒自己你并不是一定要在第一次就搞清楚，然后再试着搞懂它。
* 如果你还是不懂，就问那个你确切想知道的问题。

给自己打气的话！

你可以给自己打打气，使自己在课堂上大声表达自己时更有自信。以下是艾米对自己说的一些话。

* 说了我并不会损失什么，还有可能因此而非常开心。
* 即便我回答的不对，我也知道自己尝试了。并且我会因为自己勇敢尝试而更加自信。
* 如果我不问，这些问题也许永远没有人问，而我也就得不到答案。
* 即便其他人因为我在课堂上说的话嘲笑我，叫我傻瓜甚至怪人，我也只是微笑甚至尝试着大笑。

在你想要大声说出自己的看法的时候，你能想些什么样的话来鼓励自己呢？

* 记住，你已经学会很多知识了。想想那些你做的真的很好并且懂得很多的学科。
* 你要知道，求助并不是懦弱的表现。

别苛求完美

没有人是完美的，这是一个真理。本书前面的章节已经提到过这个问题，你还记得吗？你什么时候见过一个很好的篮球运动员也能打出全垒打了？

在这里，我们给出一些方法来教你怎样防止苛求完美。

* 从你的错误中学习。你并不需要喜欢犯错误，但你应该记住，很多好的学问都是从尝试、犯错误、学着纠正错误这个过程中发展而来的。
* 只要你做得比以前好就可以了，但不要只想着做到最好或者完美。即便不完美，它也能带来探险般的快乐。

总是尝试做到完美会使你变得没有自信而且很失落。试着想想看，在你还没有做到完美的时候，你能对自己说些什么，使你变得有自信并对自己的成就感到自豪。

祝贺你自己

每一个小胜利都值得自豪。而且，向自己表示祝贺有助于建立你的自信。

你可以通过下面列举的几个方法来向自己表达祝贺。

* 在你已完成的作业旁边画上一个大大的标记。
* 提醒自己，开始做已经很了不起了，所以当你开始做功课的时候，你会觉得很棒。

你有没有鼓励过别人做到力所能及的最好，并且在他们做得很好的时候称赞过他们？别忘了也这样对待你自己。你知道该怎么向自己表示祝贺了吗？

当你努力学东西的时候你会做什么？

你希望自己是完美的吗？你希望所有科目都得A吗？

你是否会这样想：如果我是完美的，肯定就自信了。

你会想办法祝贺自己吗？

拖延和追求完美都会带来挫折感，这确实是个坏消息。幸好还有一些好消息，当你开始变得有条理，积极参与课堂讨论，理解求助的意义，并且开始关注自己的长项，你就会发现你在学业上感到更有自信了。当你对自己有了信心之后，你已经做好准备学习下一部分——对别人有信心。

自信提升器

* 追求完美意味着挫折，而追求力所能及的最好则意味着信心！
* 我可以向别人求助，这样我就能学到新的技能。
* 每一小步的进步都让我更理解我的功课，也让我在学业上更自信。

第三部分

关于你和其他人

第十章

勇于表达自己

当你说出你的感受、信仰和需要的时候，也许会需要一些勇气，所以，第一次表达自己的时候，或多或少会感到有些害怕。可是，表达自己会给你带来自信，尽管这种自信不是立竿见影的。

怎样开始表达自己？有许多方法。在本章中，我们将讨论一些帮你赢得自信的技巧。

* 勇于向朋友表达自己的意见
* 勇于向父母表达自己的意见
* 勇于向其他人表达自己的意见
* 知道何时需要求助

勇于表达的要素

下面是埃利斯勇敢表达自己想法时使用的一些技巧：

* 注意语气不要带侵略性或过于严厉。以“你”开头的句子听起来似乎带有侵略性，例如“你必须改变我的就寝时间”或“你太不公平了”。
* 以“我”作为句子的开头。例如“我感觉……”。
* 表示尊敬，不能直呼其名或进行贬低。感谢听众为你付出的时间。
* 肢体语言方面，展现你的严肃而非对抗。如果你发现你因为紧张而发笑，请向听众解释。同时请勿将手臂交叉。
* 邀请听众向你提问以确保他或她确实理解你的谈话内容。

勇于向朋友表达自己的意见

大多数孩子并非真心喜欢面对他们的朋友，但有时候他们知道必须面对朋友并让他们知道自己的感受。你是否曾想向你的朋友倾诉，但又害怕他们的反应呢？

你何时应当表达自己的意见，并让其他人了解你的感受或想法呢？如果你觉得你的朋友迫使你去做你不喜欢做的事，此时你可能需要勇敢地说出自己的想法。你的朋友曾迫使你远离其他朋友吗？你该让她抄你的试卷吗？你如何能在自己感觉舒服的同时保持友谊呢？

勇于向朋友表达自己的意见

下面是吉米对他朋友说的话：

* 你喜欢棒球真是太令人敬佩了。但这不是我喜欢的运动项目。不如我们一起做别的事情吧？
* 实际上我和斯蒂芬娜并非真正的朋友，但她还是不错的。你取笑她的时候我感到有点儿不舒服。不如我们饶了她吧，怎么样？
* 我觉得这样说很滑稽，但我不想让你抄我的试卷。也许这样做让人觉得很奇怪。不如我们成为学习伙伴吧，这样你自己也能学会这些东西？
* 你确实是很好的朋友，但我们没有必要在任何事情上都保持一致，对吧？
* 你的主意对你来说也许不赖，但可能不太适合我。

你还能想出其他的话表达类似的意思吗？

勇于向父母表达自己的意见

父母们不是读心专家。当你有疑问或者担忧时，父母们并不总能及时了解一切。向你的父母坚持自己的立场或告诉父母你的真实想法可能会比较困难，但大多数情况下，这肯定是值得的。

在你和父母谈话时，请做好下面几项准备，这样你就心里有底了。

* 和他们确定家庭会议的时间，以确保他们有时间听。

向父母敞开心扉

下面是蒂娜向父母敞开心扉时所说的话。

* 妈妈，有些事我不能理解。您从不向别人提起我参加溜冰竞赛。是不是我溜冰的方式让您感到难堪?
* 爸爸，我知道您希望我在学校表现优秀。但您不给我机会证明即使睡得晚我也可以在学校表现优秀。我们能讨论下这个问题吗?

如果你打算采用和蒂娜类似的表达方式，你最好在准备阶段便充满自信。

* 计划好你准备要说的内容。
* 在开始谈话前，做几个深呼吸，让自己平静下来。
* 切记在讨论自己的感受时态度要谦恭。
* 尽量清楚且平静地发言。
* 谈话内容要具体，让他们确切地了解你的想法。
* 不要做类似“你是最差劲的爸爸”或“你不爱我”的指责。
* 给你父母做出回答或者安排另一次会谈的时间，这样他们才有时间考虑你分享的内容。

如果你不确信你能和父母进行这样的讨论，尝试和同伴或其他你信任的大人进行角色演练。你是否已经想好了你谈话的内容？你是否已经想好了合适的表达方式?

你会和父母讨论对你来说很重要的事情吗?

勇于向其他人表达自己的意见

你是否曾经在商店里准备提出问题而大人们却忽略了你？这是许多小孩子共同的遭遇。遇到这种情况，你要怎样处理呢？你是感觉不好而离开，还是勇于大声说出来呢？如果你觉得别人听取你的意见对你来说很重要，你如何能够获得捍卫自己权利的自信呢？

下面是你能做的几件事：

* 提醒自己你的意见是有价值的。
* 尝试想象一下，当别人忽视你或不认真对待你说的话时，你应该说什么。
* 如果你感到紧张，尝试表现得很自信的样子。
* 想象你大胆说出来时的画面，并且按照你的想象去做。
* 直接勇敢地说出来或请求一位大人的帮助。
* 提前演练出你想说的和想做的。

当你想向其他人争取你的权利时，你还有别的准备方法吗？如果答案是否定的，尝试着从你的支持小组那里获得建议。记住，你越相信自己，一切也就变得越容易、越自然。

知道何时需要求助

幸运的是，你并非独自一人生活在这个世界上。自信的孩子和大人知道有时候获得帮助很重要。你可以和学校顾问交谈、请求你的父母帮助你完成社会调查计划，或者询问你的朋友关

玛格丽特的故事

玛格丽特是一个六年级学生。她考试常常得高分。她努力学习而且对自己完成学校功课的能力很有自信。但是玛格丽特的英语老师查普曼先生，给她打的分数经常比她认为应得的分数低很多。因此玛格丽特决定勇敢地跟老师谈谈。

玛格丽特告诉她姐姐："我想这个家伙恨我。我觉得我的作业能得A，但他总是给我B。真讨厌！"姐姐提醒她不要责备查普曼先生任何事情，而应该尝试采取自信而非攻击性的态度。

玛格丽特和查普曼先生约好了会谈。在会面前，她通过做深呼吸让自己平静下来。"你好，查普曼先生。谢谢你能见我。"玛格丽特想以积极的方式开始谈话。"我想谈一下我的分数。我很困惑。我真的很努力地学习，但是我不能得到我通常能获得的分数。"她的心跳得很快，但她对自己能够勇于说出自己的想法感觉很好。

查普曼先生说："你的想法很好，玛格丽特。我扣你的分是因为你没有检查拼写。"玛格丽特以前从来没有因为拼写而被扣分，但她承认有时候她在拼写时是比较粗心。"那么，如果我改正我的拼写错误，我可以得到什么分数呢？"查普曼先生微笑着说："我认为如果你花更多时间去检查你的拼写，你会在班里得最高分。"

会谈快结束时，查普曼先生说他本应在她的试卷上将他的评语写清楚，而玛格丽特说她会更努力地避免拼写上的错误。在勇敢地发表自己的意见之后，玛格丽特感觉到更加自信了。

你是否曾经有过和玛格丽特类似的经历呢？如果你是玛格丽特，你会怎么做呢？

你怎样争取自己的权利来建立自信呢？

于如何与新朋友开始交谈的建议。

你是否因为对自己的能力没有自信而经常向别人求助呢？你是否认为向别人求助是缺乏自信的表现而避免请求别人的帮助呢？你是否能有时依靠自己而有时依靠别人呢？这里面的平衡是很重要的。

勇敢地发表自己的意见可以使你感到更自信，并且在与周围的人相处时感到更舒服。有时候这样做你会感觉到紧张，但这不是问题。当你勇敢地发表自己的意见，周围的人才能更好地聆听并理解你。现在你有很多方法可以勇敢发表自己的意见并且了解在你需要时请求帮助是可以的。现在你已经做好准备利用你的自信来认识新朋友了。

自信提升器

* 我知道如何勇敢地表达自己的看法，而且我值得被聆听。
* 我的意见是有价值的，并且我希望其他人了解我的意见。
* 有时候我能够请求帮助，有时候我能够依靠自己。

第十一章

结识新朋友

你曾经与班里的新同学交谈过吗？比如，以前从没说过话的，或者虽然一起出去玩过好几次但从没交谈过的。

你是怎么结识新朋友的呢？

如果你能够把积极的自我对话与建立自信的策略结合起来，你也能够顺利结识新朋友，并建立自己的社交自信。这需要一些练习，但这不难做到。在本章，你能学到如下内容：

* 怎样自我介绍
* 说什么与在哪里说
* 自我介绍之后说什么
* 怎样使用肢体语言

怎样自我介绍

让我们来讨论讨论怎么把自己介绍给其他的孩子。还记得你曾经读过的“初学者的步调”吗？持续的小进步会使你朝着积极的方向进步，并且让你更容易地拓展你的舒适区。当面对与新认识的朋友相处的问题时，有时候小的步调可能比大的步调更有成效。

想想你为什么想要认识那个孩子。是因为他或她看起来很友善吗？还是因为那个孩子总是去看你们所在城市的篮球职业联赛而你想跟他一起去？你也许会因为某个孩子的名气或者聪慧而想要认识他或她。想想你想要和这个人一起玩儿的理由。如果别人因为同样的原因而跟你玩，你会因此感到开心吗？

值得期待的是，你想跟其他孩子一起玩是因为你们有着相似的兴趣，比如说爱好、幽默感或者文化背景。所以，第一步是，你要确定自己是因为正确的原因而想要和某个孩子在一起。如果你的班级来了一个新同学，你也许会因为好奇心的驱使去认识他，你想让他觉得自己很受欢迎。这都是很好的原因。

让自己舒适。现在你知道了你想要认识一个新孩子的原因了，你已经为下一个步骤做好准备了。如果你在与人相处中感到不适，或者害怕自己说出不该说的话，或者害怕自己被别人认为是坏孩子，去认识别人有时候会让你感到不适，甚至会有一点痛苦的感觉。如果你只有很少的社交自信心，你该怎么办呢？在和新认识的孩子交谈之前，有一些办

如果你没什么社交自信，你能做些什么？

法可以帮助你提升社交的舒适度和自信心。

* 提醒自己，你是在努力拓展自己的舒适区，所以感觉到不适是很正常的。
* 给自己打打气。
* 想想你的那些强项吧，那是你可以和新认识的朋友分享的东西。
* 冷静下来。深呼吸，看一看平静的景象，做可以使自己放松的事情。
* 如果你还是觉得焦虑，就表现得好像很有自信的样子吧。

你会说些什么来介绍自己呢?

说什么与在哪里说

现在你既知道自己想认识谁，也知道自己为什么要认识这个人了。是时候更进一步了。

你会在哪里做自我介绍呢？如果你打算在英语课下课之后对人家说声你好，恐怕这不是什么好主意。你要考虑到，你只有几分钟的时间飞速地把书本收拾好，还要匆匆走出教室赶去你的社会研讨课教室。这显然不是开始一段对话的最佳时间。校车上是一个很好的地点，但可惜那里总是有好多孩子，吵吵闹闹的，会分散你们的注意力。

想想那个你想要认识的孩子。想想你在进行自我介绍的时候要说什么，想想你打算在哪里开始自我介绍。以下是几个你可以尝试的步骤。

汤姆的开场白

还在努力寻找与新朋友交谈的话题？实际上，并没有什么完美的开场白。以下是对汤姆很有效的几个开场白。

* 你今天的射门很棒啊！
* 我喜欢动物。我看到你的储物柜里有一张猫咪照片，那是你的猫吗？
* 我喜欢你在艺术课上画的画。我自己画的是卡通画。你最喜欢的艺术家是谁呢？

想想那些适合你的开场白吧。运用你对别人的了解来开始一段交谈。懂了吗？

* 想象你正向陌生人介绍自己。
* 想想你们打算说些什么。
* 想想你要怎样开始一段对话。那可能只是几个简短的句子而已。
* 练习你想说的话。

自我介绍之后说什么

现在，你已经练习了一些开场白并且已经能够表达出来了。恭喜你！你接受了挑战，并且可以从中获得自信。在你做过自我介绍之后，其他孩子可能会有几种反应——他们可能马上就会让你知道他们不想跟你一起玩儿，或者他们想更多了解你，而且每种反应会有不同的表现方式。

拒绝

如果其他的孩子没有表现得很友善怎么办？这就意味着你失去自信了吗？记住，除非你允许，否则没有人可以把自信从你这儿夺走。你可以给自己一些积极的自我对话啊，比如说，“我仍然是一个很特别、很好的人啊！那是他的损失！我很开心，因为我尝试了。我还会继续尝试的，因为肯定还有好多人是会喜欢我的。”这样，当你介绍完自己后，还能对自己充满自豪。

为什么你会和不喜欢你的人一起出去？

如果有人看上去不太想与你做朋友，你没有必要勉强发展你们的友谊。也许几个月、几年之后你们会成为朋友，也有可能压根儿就不会成为朋友。一个人不想成为你的朋友，并不意味着他不尊重你。他也许只是觉得你们俩的差别太大了。

在有些时候，也许他是真的不喜欢你。那你为什么要跟一个不喜欢你的人一起玩儿呢？如果你觉得你喜欢自己，你就会很有自信并且能继续去寻找和你合得来的孩子。你当然也不需要成百上千个最好的朋友。挑选出那些喜欢你，并且和他在一起时你也感觉很棒的孩子吧。

接受

好了，要是有些孩子表现得想要进一步了解你，你该怎么办？你会这么想吗？“天呐！我还没练习说别的呢！”先别慌。如果你认真地听那个孩子讲话，你就会发现，关于你可以问他什么问题他其实已经给了你一些暗示。他在说回家遛狗的事情？那你就问问他的狗是什么品种的，叫什么名字，对吧？如果你真的不知道说什么好，那你也可以问问下面几个问题。

* 你平常玩儿些什么啊？
* 在搬到这里来之前，你在哪儿上学啊？
* 你最喜欢哪门课？
* 你会参加下周的“喜剧之夜”活动吗？
* 你有兄弟姐妹吗？

想想看你是在哪里遇到眼前这个人的。你也许可以发现围绕这个地点可以谈论一些话题。开动你的脑筋吧！

怎样使用肢体语言

现在你已经决定了要跟那个孩子说话，你也知道了用哪些话来开始你们的对话，是时候想想肢体语言的事情了。就像你已经知道的，肢体语言可以传达很多信息。当你和别人在一起的时候，它甚至可以透露出你是不是真的对那个人有兴趣，你有没有自信，甚至你是不是分心了。

以下是运用积极的肢体语言的几条建议。

娜塔莎的故事

娜塔莎是一个很害羞的女孩。她很害怕其他的孩子觉得自己很“呆”或者“神秘兮兮的”，所以她总是避免和其他孩子接触。但是她又真的很想去认识其他人。最后，娜塔莎对她父亲说出了自己的困惑。她父亲的工作就是要跟一大群成年人进行交流，所以他在与人交流方面是个专家。他告诉了娜塔莎一个大秘密。他说：“在我开始说话之前，我牢记一点，让大家对我有所了解比让他们猜效果更好。如果他们喜欢我所说的内容，那很好啊。即便他们不赞成我所说的内容，他们也会对我多一点了解，而我自己也会为与他们的交谈而感到开心。”

第二天到了学校，娜塔莎决定让大家知道她是个什么样的人。在自助餐厅排队的时候，娜塔莎心跳得很快，而且掌心里都是汗。但她想到父亲说过这些是感到焦虑时的自然现象。

娜塔莎问在她前面排队的女孩：“你有没有尝过这里的沙拉？我正打算拿一点。”那个女孩转过身来面朝娜塔莎，她似乎因为问问题的人是娜塔莎而感到非常惊讶，但马上她就开始说起自己有多不喜欢自助餐厅的食物了。娜塔莎同意她的观点，然后在排队期间她们一直在讨论着自助餐厅。虽然那个女孩并没有邀请娜塔莎和自己坐在一起吃东西，在这一天余下的时间里，娜塔莎还是感到非常高兴，一直都带着笑。你能猜到娜塔莎为什么一直都在笑吗？

娜塔莎笑是因为她挑战了自我，虽然一开始说话的时候，她感到焦虑。“我走到了我的舒适区外面，并且我还想这样做。我现在更有自信了！”

在一个原本不认识的人面前，你会怎样开始一段对话呢？你觉得在你这样做的时候，你会感觉怎样？

* 要有眼神的接触，这样对方才知道你尊重他所说的内容。
* 在对方说到有意思或者有趣的话题的时候，要笑。
* 当你弄懂对方的意思，或者同意他的观点的时候，要点头。
* 挺胸抬头以显示你的自信。
* 别双臂交叉。

对结识新朋友进行角色扮演可以帮你练习自己的肢体语言。记住，在练习的过程中你可以看镜子，也可以请你的支持团队来帮你。

久而久之，你就会发现小步小步地做事情是个很好的方法，这个方法同样适用于结识新朋友。我们介绍了许多方法，可以帮你与新结识的人开始一段谈话，并把谈话继续下去。你现在已经知道在哪里结识新朋友，也知道了要怎样通过肢体语言来交流，接下来你可以更进一步去了解他们。在下一个章节中，你会学到社交自信方面的知识，帮你结识那些令你心动的异性朋友。

自信提升器

* 我是一个很值得他们认识的人！
* 即使我对那个人感兴趣，他也不会知道，除非我过去和他交谈。
* 在我和原本不认识的孩子相处的时候，我可以表现出很有社交自信的样子。
* 仅仅通过拓展我的舒适区，去认识新朋友，我就可以获得自信。

第十二章

与异性相处

你曾经爱慕过一个异性吗？如果还没有，你迟早有一天会经历这样的事情。这是成长的一部分。

在本章中你将了解到，与异性的交往不会让你失去自信。就像你在前面学到的，有许多方法可以破坏你的自信，但也有许多方法可以帮你赢得自信。让我们把注意力放到那些积极的策略上。

你将有机会读到：

* 了解你的紧张
* 慢慢来
* 对那个人说什么
* 自我对话
* 预测结果

了解你的紧张

当那个你爱慕的孩子出现在附近时，你是不是心跳加速、手心出汗或者语无伦次？

努力应对爱慕心态意味着对舒适区的突破，所以如果你感到紧张一点儿也不奇怪。当那个你爱慕的孩子出现在附近时，你是不是心跳加速、手心出汗或者语无伦次？所有这些情况都再平常不过了，并且其他孩子也经历着同样的过程，因此请坚持住。

你也许会觉得不舒服，内心很困惑，甚至在那个人附近，你会觉得有点儿头晕恶心，这一切都很正常。你的身体和意识正在提醒你，你正在感受和处理新的事情。如果你过于关注紧张情绪，就会让情况变得喘不过气来。如果你的注意力更多放到兴奋激动上，你的爱慕就能变成美妙的冒险。如果你关注积极的感受，这件事可以变得令人兴奋！马上我们就将讨论，如何通过练习来掌握要对那个人说什么，以及对自己说什么来稳定情绪。

如果你觉得紧张，那是因为你的整个自信都取决于这个人也能够同样喜欢你，但是这里有个问题。自信来源于你的内心，而不是这个人能给予你的。当然，如果他也喜欢你固然很好（这也有可能甚至有点恐怖！），但是无论他喜不喜欢你，你的价值都保持不变。很快，我们就要更多地讨论这个话题。

慢慢来

你是否想告诉那个孩子，你对他有点儿动心？现在就表白吗？我们的建议是：别急着表白。即使那个孩子也喜欢你，他也可能会被你吓到。艾娜说：“从幼儿园开始，麦克斯和我就是朋友，所以当我觉得对他动心时，我直接到他面前说我们应该约会，因为我喜欢他。我那时认为自己展示了自信并且能够表达自己的想法。”你觉得麦克斯会做何反应呢？

你是否想告诉那个孩子，你对他有点儿动心？现在就表白吗？

你认为他们的友谊会发生什么变化呢？你的处理方式会与艾娜有什么不同呢？

麦克斯始终认为艾娜是他最好的朋友之一。但是麦克斯可能会这样想：“我很喜欢艾娜。但是恋爱这件事情会破坏友谊。我见过这种例子。现在，我不知道自己能否处理这种关系。我想我还是最近一段时间别理她了吧。”

对于麦克斯的想法和回避，你觉得艾娜会有什么样的感受呢？你认为他们的友谊会发生什么变化呢？你的处理方式会与艾娜有什么不同呢？

慢慢来。在几个月前或一年前，你可能还没有爱恋上任何一个人。事情变化了。你既不知道那个孩子的感受是不是和你一样，也不确定这些感觉会不会随着时间推移而发生改变。拥有自信不意味着你能够猛然前行，而意味着你觉得自己能够掌控新的局面。多数情况下，这种掌控就需要小步前行。

当你心动时，这里列出了一些你可以做的事情：

* 提醒你自己，即便那个人没有对你心动，你也不要对自己失望。
* 花时间保持冷静，因此你不会草率地做什么事或说什么话。
* 好好想想那个孩子对你表达的爱慕会有什么感受。
* 看看你能不能把那个人当成一个普通孩子来了解一下。
* 跟你最亲密的朋友聊聊，看看他们对你的爱慕有什么看法。
* 你能够跟那个孩子在集体活动中相处吗？这样会使你们双方都觉得更舒服。
* 试着和那个孩子一块坐下来吃午餐，或者打个电话聊两句。

当你仅仅想结交更多朋友时，这些点子你可能之前都曾考虑过。同样的办法现在仍然适用。你可以将自己的适应圈子扩大，将你爱慕的孩子吸纳到你的朋友圈子中。但是，你要一点一点来，这样你就不会觉得过于紧张，并且你也不会冒让那个孩子也感到紧张的风险。是的，那个被你爱慕的孩子也会因为这种全新的经历而感到紧张。

对那个人说什么

我们在前面章节已经学习了通过角色扮演的方式，练习与新结识的孩子谈话。你也可以通过这种方式把握与心动对象的交谈内容。很多孩子发现跟他们爱慕的孩子讲话非常困难，即使他们是多年的朋友或同学。你是不是也这样呢?

在不施加压力的情况下，你能对喜欢的孩子说什么呢?

你也许会觉得给那个孩子递一张字条——上面写着“我喜欢你。请回复!”——是个好主意。但是，我们仔细考虑一下。写下一张字条意味着其他孩子可能也会看到。这是你想要的吗?即便那个孩子也喜欢你，这样会不会让那个孩子感到尴尬呢?此外，那个你爱慕的孩子，也许会感到太别扭而不承认自己也和你有同样的感受，也许还不确定他的感受，或者可能没有与你产生共鸣。

你又会怎么做和怎么说呢?下面是格洛丽娅说的。

“我对哈罗德动心了，他是我们班的一个男孩。我没告诉他，但是我开始更多地出现在他身边。我知道他喜欢棒球，所以我进一步了解这项运动，并询问他对不同球队的看法。仅仅和他聊天就非常有趣。几周之后，当我们单独相处的时候，我说，‘和你聊天真有趣。’他整个脸都变红了，然后说，‘是吗，和你聊天也一样。’现在对我来说，这就够了。”

尽管保持耐心很难，还是先做朋友。今天或者明天，你就可以开始建立你们的友谊，并观察关系发展的情况。记住你是如何结识新朋友的。你会对朋友说什么呢?就试着对这个人说同样的话吧。

现在，如果有一场舞会，或者到了情人节，或者你们都被邀请参加一次聚会，你也许打算打破一般意义的友谊关系。在不对其施加压力的前提下，你能对这个孩子说点什么呢?彼得

埃文的故事

埃文喜欢希拉，他们是同班同学。他写了个剧本，像话剧一样，来准备与她的对话。下面就是他的剧本。

埃文：嘿，希拉。我听说你喜欢射箭。

希拉：是呀。我和姐姐一块上了射箭课。这项运动可不像看起来那么简单，当距离很远的时候，靶心非常小。

埃文：我从来没试过。看上去很有意思。我相信到了你这个水平，这项运动就很有难度了。

希拉：除非参加比赛，否则它也没那么难。我现在已经不玩了，不过去年我参加了一项比赛。可我只得了第五名。

埃文：你能参赛真酷，而且第五名已经非常不错了。

希拉：也许吧。

埃文：如果你想要教什么人的话，我愿意报名。我觉得尝试一下会非常有趣。

希拉：你是说真的吗？

埃文：当然，为什么不呢？我们可以单独，或者和一帮孩子一块活动。

希拉：好吧。我得先和妈妈商量一下，看看能不能这么做。也许我们可以找到一帮孩子一块学习。

虽然剧本不能保证那个人就会照本宣科，但是这是埃文的一种方式，可以用来准备和希拉的交谈，并且在真正与她开始一段对话时，这种有备而来的方式让他更加自信。埃文的剧本给希拉留下了余地，她可以表示愿意与他相处，但她并不需要做出是否愿意单独与他相处的决定。

你觉得埃文的剧本写得怎么样？你是怎么处理爱慕之情的？你的剧本会是什么样的呢？

是这么说的。

“纯粹为了开心，愿意做我的情人节伴侣吗？”

还有，乔安娜说：“在赛迪－霍金斯节[1]，女孩儿们都要邀请男孩儿们参加舞会。我想约你。你愿意来吗？不用多想，没有压力。”

在这两个例子中，主动方都没有给对方施加压力。事实上，如果对方说不的话，彼得和乔安娜会耸耸肩，微笑一下，然后说：“没问题。”他们能带着对自己的良好感觉离开，并由于敢于冒险而更加自信。

自我对话

你肯定知道自我对话就是自己与自己交谈。把它当成你自己的个人动员讲话。你越自信，就越容易做新的尝试，并处理好现在开始对某人产生的新感觉。

下面列出几条自我对话策略：

* 尽量不要使用打击自身士气的词语。（“我很笨。没人会喜欢我。”）
* 给自己做个动员讲话。（“我是个了不起的人。我喜欢心动的感觉。如果那个孩子不喜欢我的话，我虽然会觉得失望，但是我会没事的。”）

---

❶ 赛迪－霍金斯节：在每年11月9日或该日之后的第一个周六，根据一部卡通漫画演变而来。在这一天举行的舞会也称“女生择伴舞会”，是由女生邀请男生的学校舞会。

* 保持积极的精神状态。（“心动的感觉很有趣。我觉得自己长大了，能开始恋爱什么的了。”）
* 使用放松策略，例如做做深呼吸并提醒自己放松。
* 如果你不确定该怎么做，或者无法提升自信度，可以找朋友和支持团队聊聊。

为了保持高度自信，为了开始慢慢突破一般关系，以及为了和你爱慕的人聊天，你会和自己说点什么呢？

预测结果

你可能曾经看过一些电影，里面一个人向另一个人告白爱意，此时背景音乐响起，然后两人相视而笑，手牵着手。场景如此令人惊喜，幸福来得如此之快。但务必记住这仅仅是一部电影。在现实生活中，事情几乎不会发展得那么快。

如果你对一个孩子有好感，可能你已经对他有所了解。这个人开始对异性感兴趣了吗？这个人是不是已经有了心仪对象了？这个孩子随和吗？这个孩子是不是特别受欢迎，而且只与其他特别受欢迎的孩子来往？在你表白自己的感情之前，这些信息都可能帮助你预测可能得到的结果。

这个人开始对异性感兴趣了吗？这个人是不是已经有了心仪对象了？

坦诚地面对自己的情感不意味着告诉那个孩子你对他动心了。毕竟，即便你们互相爱慕，这种方式仍可能会让那个孩子觉得别扭。表白后，你会得到三种结果。

被拒绝了怎么办？

发现爱慕对象不喜欢你是很打击人的。当米歇尔被拒绝或忽视后，她是这么做的。

* 我找朋友倾诉。他们让我感觉好多了。
* 我做平时喜欢的事，比如玩滑板和看漫画。我将精力转移到这些事情上面。
* 尽管他不那么喜欢我，我告诉自己仍然能保持自信。

如果你和暗恋对象之间的事情没按你期待的方向发展，你该怎么办？

* 被拒绝或被嘲笑
* 被忽视
* 那个孩子说也喜欢你

你可能被拒绝。如果某人拒绝了你，可能是因为这个孩子尚未做好恋爱准备，或者不想改变你们目前的关系，也或者早已心有所属。这绝对不能说明你是个没有价值的人。如果那个孩子对你冷嘲热讽，那么实际上对你来说是个好消息。你真的愿意和一个让你觉得糟糕的人相处吗？如果出现这种情况，是时候该重新考虑恋爱对象了。

你可能被忽视。如果那个孩子躲开你，你就应该给他点空间。这个孩子也许还无法适应这种状况，也许几周之后才会给你回应，或者可能现在仅仅想先把你当成朋友相处。

你真的愿意和一个让你觉得糟糕的人相处吗？

如果你们互相爱慕，你要怎么做呢？有什么规则？

你们可能互相爱慕。如果那个孩子说你们之间的暗恋是相互的，太好了！但是那又怎么样呢？这种状况也提出了一组问题。如果你们互相爱慕，你要怎么做呢？有什么规则？有什么期待呢？因为这对于你们双方来说都是一种新情况，询问年纪大一点的人是个好主意，比如你的父母或者其他值得信赖的成年人，问问他们两个人相恋后会发生什么。

当心生情愫时，许多孩子都会觉得非常兴奋，还带有一点儿紧张。觉得别扭其实没什么（也很自然），因为你在突破常规。在处理感情问题时多花点时间思考是非常有帮助的。你可以练习与那个人之间可能会说些什么，你可以请求帮助，你可以练习自我激励，并且即便你的爱慕得不到回应，你依然可以拥有自信。既然你已经了解暗恋可能有的结果，你就能够更好地准备迎接这些新感觉，并且享受这个过程了！在下一章里，你将读到关于如何在大型集体活动中保持自信，这是社交自信当中的另一个话题。

自信提升器

* 我在改变，因此觉得有点紧张很正常。
* 如果我动心了，我可以马上成为那个孩子更好的朋友。
* 我有支持团队来帮助我度过这段暗恋经历。
* 无论那个孩子是否喜欢我，我依然拥有自信。

第十三章

在群体中交往

也许你跟一两个伙伴交往时会信心十足，可是，当你跟一群孩子交往时会怎样呢？

有些孩子在群体里会感到轻松，可另外一些孩子，在与校外的群体交往时，也许需要扩展他们的舒适区。

在本章中，你将读到如下内容：

* 什么时候该说，什么时候该听
* 同伴压力
* 团队生存技巧

即使你习惯了在群体中交往，你也可以从下面的内容里得到一些启示。

什么时候该说，什么时候该听

如果你和朋友一起吃午饭，你很容易就知道自己什么时候该说话，什么时候该听别人说。但是当你在一个团队中的时候，这个界限就没有那么清晰了。在团队的时候，你有可能和几个孩子在一起待了好几个小时，却很少说话。你们也许一起听音乐，大家都不说话。或者你们在舞会上，大家都在全神贯注地跳舞。那如果大家在彼此交谈着却不是直接跟你说话，你该怎么办呢？如果你运用的是消极的自我谈话，你也许会使自己相信你的伙伴们不关心你。然而，事实通常不是这样的。当一群孩子在一起的时候，他们通常确实是跟大家说话而不是只和一个人说话的。所以，我们给出了以下几点建议。

* 别臆断自己被忽视了。
* 在其他孩子停顿的时候整理好你自己的思路。这就意味着你不但在听别人讲话，也想成为团队里一个积极的成员。
* 不要感觉有压力，也不用非得说很多的话。很多不怎么说话的孩子也是很受欢迎的。

如果同伴们彼此交谈着却不直接跟你说话，你该怎么办？

如果你对团队中自己的表现很有信心，其他孩子也会很乐意听你说，而他们自己也许不怎么说话。你可以用来参与讨论的方法有很多，比如你可以运用你的肢体语言来告诉大家你在听，有的时候甚至仅仅是和大家待在一起就足够了。

同伴压力

你能回想哪次其他孩子逼迫你做事吗？

所谓同伴压力，是指你在行为、思考和感觉方面，感受到了来自其他孩子的压力。罗伯特说："学校里的那些人快烦死我了，他们总是想让我参加足球队。仅仅是因为我喜欢四处溜达，又喜欢在休息时踢踢足球。我快被他们烦死了。"现在我们知道，同伴压力可以分为两种，一种是积极的（好的），另一种是消极的（坏的）。你认为罗伯特所经历的是哪一种呢？

那些给罗伯特带来压力的孩子也许既给了他鼓励（这是好的、积极的压力），也给他制造了困惑（这却是坏的、消极的压力）。我们假设一下，虽然罗伯特喜欢在休息时踢足球，但他总是被别人阻拦而射不了门。你也许会觉得那些孩子叫罗伯特参加足球队只是一个挖苦他的玩笑罢了。这一点都不好玩儿！但如果罗伯特踢足球时在进攻和防守上都做得很好，你也许会觉得那些孩子只是在试着鼓励罗伯特去试试团队协作。这样说你明白吗？就像你刚刚看到的一样，同伴压力并不总是好的，也不总是坏的——而是两者都有可能。以下是它们的不同之处。

积极的同伴压力

并非所有的同伴压力都是不好的。假设你的朋友想要说服你和他们一起创办一个研究海洋生物的课后活动小组，是因为他们知道你会喜欢这个活动，那这就是积极的同伴压力。你的

应对同伴压力的方法

你正在尝试应对同伴压力吗？以下是赫比对给他压力的孩子们所说的话：

- 我不喜欢那样。
- 我想我会通过的。
- 那对我一点儿吸引力也没有。而且，我们会因此遇到很多麻烦。我们还是做点别的吧。
- 下次好了。
- 我自己思考过了，我想我不会做那件事情。

你还有什么自己的话要说吗？你可以多多练习这类话，这样可以在遇到同伴压力的时候用上。

如果你的朋友给你太多压力，尽管他们这么做是为了帮你，你会说什么？

朋友们在试着鼓励你去做一些他们认为你会喜欢的事情，而且他们想要和你一起做。令人欣喜的是，他们只是稍稍地鼓励你，却并没有给你带来烦恼。

朋友之间就应该相互鼓励。但即便他们所做的是对你有好处的事，如果你觉得他们给予你的压力太大了的时候，你要怎么表达出来呢？

以下是掌握好同伴压力的度的几个建议：

* 如果你打算告诉你的伙伴，他们给你施加的同伴压力太多了，在说之前，建议你先角色扮演一下。
* 好好想想你朋友说的话，认真想想那对你来说是不是合适的。当你和一个团队在一起的时候，可能会有很多孩子都来鼓励你做一些积极有用的事情。
* 明确你自己要去做什么，并且让他们知道你很欣赏他们的建议。
* 说话的语气不要听起来好像在责备他们烦到你了。那样你是永远不会受到欢迎的。

消极的同伴压力

所谓消极的同伴压力，就是你的伙伴想让你去做一些对你不好的事情。这种压力更多发生在如下情况：当你和一个团队在一起的时候，如果团队中有成员被团队的力量冲昏了头，或者某些人迫切想要被大家接受。如果每一个人都做了一些不好的事情，他们就会安慰自己说“这没什么大不了的”。这样说你明白了吧？

也许他们希望你去冒些不该冒的险，比如吸烟或者逃课。如果一个你不怎么认识的人想要说服你抽烟，你可以很容易地拒绝他。但如果是你的一群朋友都这么劝你，你要怎么办呢？

以下是应对同伴压力的几个策略：

* 先想清楚这些压力是积极的还是消极的，尽量避免那些消极的压力。

* 你要记住，如果你表达了自己的意愿，真正的朋友就不会再去劝你做那些消极的事情了。
* 告诉自己你已经很厉害了，完全不用向压力屈服。
* 保持冷静（运用一下让自己冷静的策略）。
* 练习那些用来应对消极同伴压力的说辞。

抵抗同伴压力

有时候，你可能想避免同伴压力，试着去尊重其他的孩子，结果却以一场争论收场。生活中充满了问题和争论。如果你有自己的想法，你会发现，人们并不总是同意你的观点。通常跟大家保持一致，即便自己感觉并不好，在起初的时候也能够让你感到轻松。可是，如果一个孩子总是做出一些让自己不开心的决定，他们有时候会因此而感到不适和沮丧。以下是亨利的说法。

> 如果每个人做了不好的事情，然后还自以为没事，这讲得通吗？

“我的一个铁哥们说我得在他的生日派对上喝啤酒，这样会显得很酷。我想了想，但我觉得这样不对。我就告诉他，我已经够酷的了。他感到很失望，笑着对我说，‘这是你的损失！’但是那晚剩下的时间，我都过得很好。”

> 如果你的朋友不接受你的拒绝，仍执意要给你施加压力，他是你真正的朋友吗？

有时候，抵抗同伴压力也许会意味着失去一个朋友。但是，那个孩子仅仅因为你拒绝屈服于他施加给你的压力就离开了你，他对于你来说是一个真正的朋友吗？拥有自信，就意味着你对你自己还有你所做的选择都感觉良好。不要因为别人向你施压就让他们夺走了你的自信！

团队生存技巧

当你和一群人一起玩的时候，有一些技巧对你来说可能是很有用的。我们列出了一些供你参考。

* 当一个人还在说话的时候，不要打断他。
* 运用积极的肢体语言，直视那个人。
* 在安静时也不觉得尴尬。
* 在抵抗别人施加给你的同伴压力的时候，避免责备或辱骂他们。
* 要是你的父母允许的话，试着邀请每个人到你家里来玩儿。尤其是当你经常被邀请到别人家里去玩儿的时候。

除了这些之外，还有一些是需要你时刻铭记在心的。

* 你所选择的团队，应该是使你感觉良好而舒服的那一个。如果它是一个适合你的团队，你就没有必要为了适应它去改变自己的性格。
* 要有自己的主见。别因为团队里的人都在做某件事情，就觉得自己也一定要这样做。
* 如果团队里的某个人正在做着危险的事情，跟他谈谈，帮他做出更明智的决定（即便你的朋友最后还是得自己做决定）。

凯莉的故事

一次，凯莉和她的朋友一起去购物中心。这些朋友从商店里偷了东西。凯莉不愿意从商店里面偷东西，而且她因为朋友这样做而感到很失落。她问爸爸自己该怎么办。凯莉特别希望爸爸能够很快地给出答案，最好不要再问她任何问题。但事实上他问了很多的问题。他说："我很难给你一个明确的答案。你并不想责备你的朋友。但你如果让他们知道了你的担心和忧虑，你也在冒险，因为你害怕他们会生气。虽然，有的时候你真的不得不去冒险。"

凯莉的爸爸建议她和朋友单独谈谈，这样他们至少会更理智一些。第二天，凯莉就和她的两个朋友说了。但在说之前，凯莉提醒自己要有自信，即使他们不同意，她也是在做正确的事情，应当感到自豪。

然后她就和朋友谈了。"关于昨天的事情，我想了很多。几乎每个人都为了显示自己胆子很大，从店里拿走了一些东西。"凯莉没有提她自己什么都没有拿——她不想让他们感觉更糟。她跟朋友说："我想有时候对某些事情说不真的好难。我们在这么大的团队里面，安德里亚又出了这样一个有才的点子。她把这件事情说得那样激动人心。但我，真的不想让我们惹上麻烦。我们来订一个约定吧！让我们永远在一起而且不要再做那样的事情，好不好？"

在每次和她的朋友说完这段话之后，凯莉都屏住了呼吸。她知道他们可能生气，被她伤害。但她还是想要施加一点积极的同伴压力给他们。而且，凯莉知道约定是个很好的方式，因为这种方式更正式一些。凯莉的朋友也承认他们在购物中心做的事情让他们自己感到很尴尬，他们也认为约定是个好主意。

如果你遇到凯莉的困境，会怎样解决呢？

切记，你要和那些让你感觉舒服的人在一起。然后，你才能更容易地找到和大家相处的方法。

当你和一群孩子交谈的时候，那感觉和一个朋友交谈有很大的不同。这完全是两回事。跟团队在一起的时候，你也许会感受到积极的同伴压力，也有可能是消极的同伴压力。本章我们谈了一些应对同伴压力的技巧，也让你学到了一些迅速融入团队的办法，希望你有所收获。

自信提升器

* 我喜欢自己，我没必要为了适应大家而表现得不一样。
* 积极的同伴压力也可能使我不适，但在说不之前我应该想清楚。
* 跟朋友一起去新的地方、做新的事情，会使这些新经历更加有趣，也感觉更安全。

结语

永远行走在成长的道路上

在接下来的日子里，再把这本书看几遍，练习我们在书中提到的帮助你建立自信的方法。这里我们还有一些提醒：

* 列一张你的强项清单。
* 你不是一定要做到最好，但尽你的所能试一试还是很重要的。
* 你就是你自己，你独一无二！

* 学着从你的错误中学习——即使有自信的人，也是这样做的。
* 表现得有自信，就是有自信。
* 每向你的舒适区外走出一小步，都要为你的自信称赞自己。
* 学会依靠你的支持团队，你不是一个人在奋斗！
* 大胆地为自己说话，分享你的观点，发现那些欣赏你的人。
* 成长路上肯定会遇到各种坎坷，要做好心理准备。
* 记住，心理医生是帮助孩子们的专家，他们可以帮助你提升你的自信和自尊水平。

读了这本书，就是前进了很大一步。我希望你能从中获得开始建立你的自信的知识和方法。

祝贺你，并且，祝你好运！

关于作者

温迪L. 莫斯（Wendy L. Moss），博士，美国职业心理学委员会委员（ABPP），美国学校心理学学会会员（FAASP）。她拥有临床心理学博士学位、心理医生执照和学校心理学执照。莫斯博士在心理学领域有超过25年的工作经验，在医院、社区、诊所和学校都工作过。著有《孩子不听话：老师们如何影响学习者》（*Children Don't Come With an Instruction Manual: A Teacher's Guide to Problems That Affect Learners*），还是《团体工作专业人员杂志》和《学校心理学杂志》的特约评论员。

关于译者

萧愚，毕业于北京大学，萧愚家庭教育网校创办人。十年耕耘，矢志不渝，致力于传播正确的教育理念和方法。

关于萧愚家庭教育网校

成立于2009年，是学习型父母的在线大学，在籍学员逾千人。课程包括早期教育、学前教育、小学教育等多方面内容。建有儿童思维发展、儿童阅读、儿童数学、德育、学习困难等多个研究中心，经过两年多的发展，一个比较完备的家庭教育学习与研究体系已经初步形成。首次与出版机构合作翻译项目，由妈妈级、爸爸级译者担当，用知识与爱心铸就高品质图书。